森林植被（作者拍摄于黑龙江省北兴农场七峰林场）

注：土壤腐殖质的主要来源是枯枝落叶和植物衰亡的根系。

森林植被下的土壤（作者拍摄于黑龙江省北兴农场七峰林场）

草原植被（作者拍摄于海拉尔）

　　注：土壤腐殖质的主要来源是植物衰亡的根系和枯亡的茎叶，植物在生长过程通过根系吸收深层和浅层土壤的矿质营养和水分，叶片通过光合作用吸收空气中的二氧化碳，并合成和积累碳水化合物，经过转化合成制作大量的富含营养物质的氨基酸蛋白质等有机物，这些有机物通过衰亡的根系和枯枝落叶回归于土壤，并在土壤表层形成黑色的腐殖质，使表层土壤的营养物质得到积累并逐渐更加丰富，枯枝落叶、衰亡根系成为表层土壤生态系统的营养物质和能量供应的基础，经历长期的历史过程土壤才形成现在的特征特性。

被长期耕作的农田收获后的土壤状况（作者拍摄于山西省原平县）

　　注：农业耕作打破了原有土壤的物质循环体系，部分矿质营养被转移带走，有机养分被加速分解和流失，土壤生物种类和数量减少，土壤肥力下降！施肥为土壤补充了部分矿质营养元素，目前化肥的应用在一定程度上维持着农业产量的稳定！

玉米施肥与不施肥长势对比（作者拍摄于黑龙江省北兴农场 12 作业站）

注：不施任何肥料玉米的长势非常差，产量下降 50% 以上。

玉米不施用氮肥的缺氮症状表现（作者拍摄于黑龙江省北兴农场良种站）

注：玉米缺氮在叶片表现的症状为叶片尖端呈倒 "V" 形黄化，严重时下部叶片枯黄。

玉米不施用钾肥的表现（作者拍摄于黑龙江省北兴农场试验站）

注：钾肥对玉米产量的贡献率在10%~30%，缺钾表现为下部叶片从边缘向叶片内呈焦糊状，缺钾严重的玉米下部叶片完全焦糊。

玉米不施用磷肥的表现（作者拍摄于黑龙江省北兴农场5作业站）

注：磷肥对玉米产量贡献率在10%~20%，缺磷苗期表现叶片呈紫红色，在高寒地区白浆土耕地上种植玉米，不施用磷肥表现出严重缺磷症状，并减产10%~20%。

磷肥施用量充足时的缺磷症状（作者拍摄于黑龙江省北兴农场18作业站）

注：磷肥用量充足，但低温多雨，严重湿涝，土壤通气性差，导致玉米根系出现对养分吸收障碍，也会引起玉米缺磷症状。在高寒区域，即使土壤有效磷含量较高，施肥充足，但由于春季土壤温度低，土壤微生物不活跃，玉米苗期也经常表现出缺磷症状。

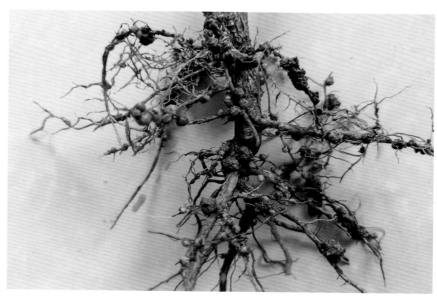

大豆根瘤（作者拍摄于黑龙江省北兴农场试验站）

注：根瘤菌侵入寄主根内，引起根部皮层和中柱鞘的某些细胞的强烈生长，形成根瘤，植物供给根瘤菌以矿物养料和能源，根瘤菌固定大气中游离氮气，为植物提供氮素养料，两者在拮抗寄生关系中处于均衡状态而表现共生现象。由于根菌瘤在生长过程中分泌一些有机氮到土壤中，加之，根瘤在植物的生长末期会自行脱落，从而大大提高了土壤的氮素含量，提高了土壤供肥能力。

果树叶片施用硼肥过量导致
中毒症状（作者拍摄于黑龙江省
北兴农场果树大棚区）

注：硼肥用量过多导致果树叶
片边缘呈金黄色，缺少硼元素会成
为限制因素导致产量难以提高，但
硼元素使用过量同样会成为植物生
长的限制因素，导致产量下降。

冰雹灾害（作者拍摄于黑龙江省北兴农场9作业站）

注：CH_4、CO_2等温室气体排放的增加，温室效应增强，
温室效应导致大气变暖，极端天气发生频次增加，气象灾害
频发，灾害强度增大。

水土流失（作者拍摄于黑龙江省北兴农场 31 作业站）

注：雨水充沛地区，水土流失是耕地退化的一个重要原因，需要采取有效的保护措施。

侵蚀沟（作者拍摄于黑龙江省 855 农场，目前已经治理）

注：水土流失导致的侵蚀沟正在吞噬耕地，侵蚀沟治理需要多措并举才能奏效。

秸秆全量还田条带耕作（李忠余拍摄于吉林省农安县农缘农机合作社）

注：吉林梨树模式保护性耕作秸秆全量还田条带耕作，成为当地保护耕地的一项重要举措。

秸秆全量还田条带耕作玉米苗期长势（李忠余拍摄于吉林省农安县农缘
农机合作社）

注：梨树模式保护性耕作秸秆全量还田条带耕作，玉米长势良好。

秸秆全量还田条带耕作玉米长势情况（马守义拍摄于黑龙江省北兴农场）

秸秆还田免耕播种（马守义拍摄于黑龙江省龙江县）

秸秆还田免耕播种玉米长势（马守义拍摄于黑龙江省龙江县）

秸秆还田深松整地（作者拍摄于黑龙江省北兴农场试验站）

注：秸秆全量还田，用大型联合整地机进行深松整地，地表秸秆覆盖率达到 30%，有利于防止风蚀水蚀，具有保护黑土地的作用。

秸秆全量还田深松整地大豆长势（马守义拍摄于黑龙江农垦赵光农场）

秋季秸秆全量粉碎翻埋还田（作者拍摄于黑龙江省北兴农场 1 作业站）

注：用大型翻转犁进行翻地作业，将秸秆翻压在 20cm 以下，再进行耙地起垄达到播种状态，有利于保障春季播种质量。是黑龙江垦区秸秆全量还田的重要方式。

秸秆过腹还田（作者拍摄于额尔古纳）

注：牧区牧民将油菜秸秆打包用于饲喂，然后将养殖所产生的排泄物归还给土壤，秸秆过腹还田，既有利于牧业发展，又有利于土壤肥力的保持。

施肥法则与土壤健康

◎ 段连臣 等 编著

中国农业科学技术出版社

图书在版编目（CIP）数据

施肥法则与土壤健康 / 段连臣等编著 . -- 北京：中
国农业科学技术出版社，2024. 8. -- ISBN 978-7-5116
-7013-7

Ⅰ . S147.2；S15

中国国家版本馆 CIP 数据核字第 20249XX014 号

责任编辑　周丽丽
责任校对　李向荣
责任印制　姜义伟　王思文

出 版 者　中国农业科学技术出版社
　　　　　北京市中关村南大街 12 号　邮编：100081
电　　话　（010）82106638（编辑室）（010）82106624（发行部）
　　　　　（010）82109709（读者服务部）
网　　址　https://castp.caas.cn
经 销 者　各地新华书店
印 刷 者　北京建宏印刷有限公司
开　　本　170 mm×240 mm　1/16
印　　张　10.25　　彩插 12 面
字　　数　136 千字
版　　次　2024 年 8 月第 1 版　2024 年 8 月第 1 次印刷
定　　价　80.00 元

《施肥法则与土壤健康》
编著委员会

主 编 著　段连臣

副主编著　马守义　于志海　谢丽华　王　震

编著人员　冯伟娟　李同国　杜善师　姜利勇
　　　　　李忠余

序 言

从事农业技术推广工作 25 年，从事测土配方施肥工作 17 年，我目睹了农场生产技术的飞速进步，粮食产量稳步提升，玉米产量由 20 年前的每亩 400kg 增长到现在的 700kg；同时也经历了化肥用量的明显增加和土壤的退化过程。在过去的一个多世纪，技术改造农业到了如果没有大量便宜的石油和矿产生产出廉价的化肥，现代农业将难以维系的程度，而我们确信不远的将来便宜的石油和优质的矿产将不复存在。由于对化肥的过度应用和大型机械对耕地的高强度耕作以及农药的大量应用等原因，耕地的退化已经成为不争的事实。无论从哪个方面来看，将来如果我们想解决粮食短缺的问题，我们必须摆脱农业生产过度促使耕地质量下降的生产方式，同时必须通过技术手段培肥和提高土壤的基础生产力，从而减少化肥使用量，维系生产持续发展。

李比希指出："没有理论指导的农业实践，是建立在不知其性质，只是对事实简单的了解之上，或建立在土地耗竭的基础上，可以由智力一般的人来进行。但是，以最大的资本和劳动力投入为基础时，对农业的理性追求，可以在不耗尽其所能生产的最高作物产量的情况下，从一块土地上持续获得价值，这需要比任何其他行业都要多的知识、观察和经验。因为理性的农学家不仅要知道农民所知道的一切事实，而且要能够认识到这些事实的价值。他们必须知道所进行的一切活动的原因，以及这些活动对土地可能产生的影响。他们必须能够用从实践中所观察到的现象，解释土地为什么会出现这样的现象。"

而在这个社会高速发展和信息爆炸的时代，手机、电脑、网络社交平台占据了人们很多用于稳健思考的时间，致使一些人更加倾向于相信"断言"而不愿意去"思考"，而且又相当的自负。本书是想通过对施肥理论的解读，直面当前施肥与土壤健康存在的严峻问题，引起人们对自然的敬畏，鼓舞人们对科学理论谦逊地学习和研究，而不是盲目决策。

20世纪70—80年代，我国化肥生产量和施用量很少，化肥的施用使我们的粮食产量得到巨大提升，不只是粮食能供应我们吃饱饭，还逐步使我们每顿都能吃上肉。随着化肥产能的提升，化肥的总使用数量迅速提高，单位面积应用的化肥量也迅速提高，截至目前，化肥成为农业生产不可或缺的生产资料，甚至很多人认为化肥用量只能增加不可减少。今天如果突然把化肥减少或取消，给人的感觉可能就像突然餐桌上肉减少或消失了。我们不能回到没有肉吃的时代，同样也不能回到没有化肥应用的时代。但我们化肥的用量的确是在超量使用，而且过度依赖，化肥超量使用的心理基础就好比是吃饱一点总比饿肚子强，而现代医学研究表明，要健康就要进食适量、种类搭配合理。在目前来看，人类的饥荒问题已经基本得到解决，我们的农业在考虑粮食稳定供应的同时，还需要认真考虑农业生产还应该和能够为我们提供其他的什么需求，摆脱狭隘的农业只是供应粮食的看法，拓展到农业还可以提供更舒适的生活环境和把大自然建造成美丽的人间花园，而事实上我们现在的农业生产可能还在破坏着自然的生态环境，更不用说把大自然建造成美丽的人间花园了。事实上目前的大多数农业生产者追求的也并不是供应足够的粮食，可能更不是建造美丽的花园，而真正在追求的只有经济增长，而且是短期的经济增长。的确，现在想开上更好的车，住上更大的房子就需要马上赚到钱。也正是基于这样的想法，趁着现在能够应用由大量便宜的石油和矿产生产出的廉价化肥，赶紧赚钱吧，他们认为自己赚到更多的钱，自己的子孙后代就能过上更好的生活。然而正是这样，化肥在过量应用，土壤在退化和被污染，生态环境不断被破坏。可以认为目前高速的农业经济增长是建立在土地耗竭和生态走向崩溃的路上。这可能会带来暂时的经济增长，但最终留给子孙后代的只有麻烦和痛苦。

本书将带领大家重温指导化肥应用的基本原理，包括矿质营养学说、养分归还学说，最小养分律，用经济学的原理讨论了肥料效应报酬递减律和肥料利用率，同时对农业生产施肥与生态环保之间的一些联系加以分析和探讨。一方面带领大家加深对肥料应用基础理论的理解，另一方面通过抛砖引玉带领大家进行深入的理性分析和思考，思考进行施肥活动的目标，以及这些施肥活动对土地可能产生的影响，引起大家对施肥行为的利与弊进行较全面的认识和理解，如李比希所讲促使农业生产者"成为一个全面的人，而不是一个对自己的行为一无所知或半知半解的汤姆猫，只要有足够的技能在一盆水中捕捉金鱼就行"。

目前，一些环保主义者也出现了反对化肥和农药应用的偏执，这样的技术偏执某种程度上可以成为自我实现的预言，它会把不信任制度化，并且创造出一套解释工具。他们只看到施肥技术带来的威胁，以及只会把施肥技术看作是敌人。无论你是在捍卫一个民族或整个自然界，对任何新技术来说，我们需要认识到它是中性的。我们的工作应该是帮助它最大限度地发挥优势和减少危害。光是隔岸观火是不够的。消除对新技术的怀疑的最佳方式就是要拥抱它，充分理性地理解它，但也要避免不顾弊病地肆意应用而造成无法挽回的结果。

我们的施肥方式以及农业生产方式的确需要改变，但问题的关键不在于是否需要改变，而是如何改变，以及发生改变之后，土地甚至社会如何适应。在当前这样一个时代，通常当地球上的食物供应不足一年时，区域性的粮食作物减产将影响全球粮食供应。这意味着，农业的适应性在维持食品安全和社会稳定中起着至关重要的作用。正因如此，这种改变需要十分谨慎的态度，但这也不能成为不改变的原因和理由。彼得·卡雷瓦

（Peter Kareiva）是大自然保护协会的首席科学家，他阐明了环保组织日益认识到的一点："我们不能再认为保护区是'防止人的破坏'，而要把它看作'为了人'而保护的资源和财产。"对土壤的保护也是如此，要把它看作是最重要的而且是可恢复的战略资源加以保护，并且需要付出成本和代价去打理和关照。短期内能提高作物产量，但从长远来看，使土地退化的农耕和施肥方式，是不能维持很久的。毕竟，正如威尔·罗杰斯（Will Rogers）关于土地的名言所说："它们已经尽力了。"如果我们打算维持能够永久地养活数十亿人口的全球文明，我们必须发展可持久的集约农业。但是，问题是如何去实现呢？当耕作和施肥成为常规的生产实践时，有机农业被证实与传统农业一样不可持续。毕竟，正是没有合成化学物质投入的耕种而使得古代社会贫困和食物匮乏。与此同时，当今社会真的有足够多的仍可用的有机肥料来替代农民施用在田地上的所有化学肥料吗？显然没有，我们应该怎么做呢？基于随着全球经济收入增加，富含谷物饲养的肉类和加工食物变得越来越盛行，这对全球粮食产量的预期需求还在显著增加。我们需要针对土壤健康，摒弃许多不利的做法，还要延续应用传统的一些有益的做法，但更重要的是研究和开发新技术和新产品，用科技的力量来恢复土壤的生命力和土壤生产力。

对于未来加速发展的技术，我们要做的是逆转过去由于技术加速发展而带来的不利后果，目标是使自然与人类二者交互的系统可以逐渐走向一个健康的、稳定的、可持续的状态。现在可以不断地实现指数增长的技术包括信息技术、生物科技、纳米科技以及人工智能等。更重要的是，这些技术会彼此激发，有时会产生超指数性的增长。这些新技术有可能成为解决我们所面临的环境问题和土壤退化问题的关键。但在面临新技术加速发展的新形势，必须用科学的理性思维建立起全新的共同理念，用系统的思维模式遵从自然法则，来构建科学严谨的施肥体系，建构充满生命的健康土壤。

目　录

第一章
作物的营养与施肥

我在一个小山村长大，1999 年以前我一直生活在那里，上中学和上大学放假的时候，能帮家里做的一项重要工作就是赶上牛车，把积攒的牛粪送到田地里，当时那是非常好的肥料。我曾经仔细观察过，上过牛粪的地方，庄稼就是会比没有施肥的地方长得健壮。但是周围的邻居家已经不再向地里施用牛粪，他们并不是不知道施用牛粪会肥沃土地，而是他们的家庭条件相对好很多，都买了"小嘣嘣"（一种小型的手扶拖拉机，可能是嘣嘣着响所以才叫这个名字），他们已经不再养牛了，也没有牛粪可以积攒了，再有就是他们也有资金可以购买更多的化肥，那时候他们观察到的一个现象就是"施用化肥比牛粪劲大，用上后不几天就能见到效果"。偶尔父亲也会唠叨几句："你们要好好读书，我们可是省吃俭用地在供你们读书啊，要不然我也买"小嘣嘣"和更多的化肥，那样还能种更多的地，也不用养牛和往地里送牛粪了，我看那化肥确实比牛粪劲大"。后来的山村的确也是那样发展的，耕牛都被农用拖拉机取代，化肥因为"劲大"很快就取代了牛粪。所以化肥逐渐成为小山村种植作物营养元素的一个最重要来源。1999 年我到了农场工作，农场有 50 多万亩 ① 的耕地，绝大部分耕地一直完全靠化肥支撑着产量的稳定和提高，通过后来的肥料试验研究，确实如此，如果离开化肥，粮食产量立即就会下降 30% ～ 60%。

---

① 1 亩 ≈667m²，15 亩 =1hm²，全书同。

第一节　矿质营养学说与施肥

说起被广泛应用的化肥必须介绍矿质营养学说，说到矿质营养学说的伟大贡献，就不得不先介绍一下伟大的科学家尤斯图斯·冯·李比希男爵（Justus von Liebig），他是19世纪最著名和最有成就的化学家，他创立了有机化学，是有机化学、农业化学和营养生理学的奠基人，是现代农业化学的倡导者，被称为"有机化学之父""农业化学之父"。他最重要的贡献在于农业化学和生物化学。他提出了矿质营养学说、养分归还学说、最小养分律，这对农业生产上的化肥应用提供了最基本的指导思想，同时为肥料工业体系的创建与发展奠定了理论基础，因此他也被称为"肥料工业之父"。

李比希

李比希 1803 年 5 月 12 日出生于德国达姆施塔特。是一个贩卖化学药品、香水和清洗剂的专业商人的儿子，他从小就使用父亲的作坊里的药剂进行化学试验，很早就对化学产生了浓厚的兴趣，由此可以看出环境对培养一个天才兴趣的重要性。

　　李比希在达姆施塔特上中学时成绩非常差，他对集市上的艺人做的化学试验非常感兴趣，尤其感兴趣的是制作鞭炮，据说曾因为在课堂上私自做化学试验引起爆炸，而被学校开除。他的老师是这样评价他的智力的："你是一头羊！你连当一个药铺学徒都不行"，此后李比希在黑彭海姆的药铺当学徒的确也没有持续到底，也可以看出天才在人们还没有发现他是天才之前，总是显得那么普通或者那么不堪，就连比他小 76 岁的爱因斯坦也是同样的境遇，爱因斯坦出生时，李比希已经逝世 6 年。有一种说法是李比希自己觉得那里传授的知识不符合他自己的要求而辞去了工作，然而还有一种说法，是李比希偷着做化学试验再次引起了爆炸，不得不回到达姆施塔特在他父亲的作坊中做帮手。从那时起他在大公爵图书馆里通过读书和在作坊中自己做试验自学化学。通过他父亲朋友的介绍，1819 年秋他父亲把李比希送到波恩大学学化学。他的导师很快就发现了他的天才本领，让他做自己的试验助手。1821 年他随他的导师去埃尔朗根大学。在埃尔郎根他开始写博士论文《关于矿物化学与植物化学间的关系》，此时他年仅 18 岁。1824 年 5 月 21 岁的李比希成为吉森大学的特殊化学和药学教授。可见天才的人生也需要遇到一个伯乐才能成就天才。一开始他的工作条件非常差，他的薪水很低，他只获得很少的钱来买仪器、化学药剂、煤等来保证教学的进行。他的教学方法使他在吉森深受学生的欢迎。他的教学方法、发现和著作很快就使他在整个欧洲成名。除许多德国学生外还有许多外国学生专门到吉森来听他的课，其中包括84名英国人和18名美国人。为此他于1845年被授予男爵的封号。1827年塔林大学、1835年哥廷根大学、1839年圣彼得堡、1841年维也纳、1845年伦敦和1851年海德堡的大学均聘请他，但是都被他拒绝了。不过他每次都借助这个机会与黑森的教育部进行谈判，以此来改善他的经济和工作条件。直到巴伐利亚的国王马克西米利安一世亲自致信聘请他，并且亲自召见他，给他看将要建造的新的化学研究所以及旁边的教授住居的计划，并保障他教学和研究自由时，他无法拒绝这个聘请了。他成为许多德国和外国科学研究组织的通信成员，并获得多个国家的许多荣誉和勋章。从1859年12月15日他一直就任巴伐利亚科学院的主席。1870年慕尼黑授予他名誉市民。1873年4月18日李比希在慕尼黑逝世后被葬入慕尼黑森林墓地，许多市民为他送行。此后德国许多城市为他树立了纪念碑，包括慕尼黑、达姆施塔特和吉森。

矿质营养学说指出，土壤中矿物质是一切绿色植物唯一的养料来源。厩肥及其他有机肥料对于植物生长所起的作用，并不是由于提供了其中的有机物质，而是由于提供了这些有机物质在分解时所形成的矿质营养。

在矿质营养学说提出之前，流行着"腐殖质营养学说"，普遍认为植物的营养来源是土壤为植物提供的腐殖质等有机养分，这在当时来说比较容易理解和接受，因为在过去的几千年里，农业生产向耕地中投入粪肥或草肥多数时候总比什么都不投入能获得较多的产量，通过生产经验判断，有机质含量高的土壤总是比有机质含量低的土壤多产粮食，由此产生了"腐殖质营养学说"，而且影响十分广泛。李比希提出的矿质营养学说在理论上否定了当时流行的"腐殖质营养学说"。也就是说即使施入的是有机肥，有机肥当中的养分最终也是被分解成小分子的矿质营养，以离子形态被植物根系吸收利用的。由此看来，我们现在施用的化肥比如硫酸铵、磷酸二铵、氯化钾等被施入土壤，直接溶解到土壤溶液中，以铵离子、磷酸氢根离子、磷酸二氢根离子、钾离子等形态存在，是可以直接被植物根系吸收利用的存在形态。这也是化肥在农业生产中远远比施用有机肥对产量获得高效的最重要原因。因此矿质营养学说的提出是植物营养学新旧时代的分界线和转折点，使维持土壤肥力的手段从施用有机肥料向施用无机肥料转变有了坚实的理论基础，在实践上促进了化肥工业的发展。李比希创立的矿质营养学说，为化肥的应用和化肥工业的发展奠定了理论基础，引发了一场农业革命。由于化肥的施用，打破了原有的施用有机肥的封闭循环系统，给这个系统添加了正能量，使粮食产量有了大幅提升。

就我国农业发展来看，一方面数千年来中华民族靠着有机粪肥维持土壤肥力而得以生存和繁衍，但另一方面有机粪肥从施入土壤到庄稼成熟被收割运走，再到变成厩肥归还土壤这样一个循环过程，是一个生物小循环系统，没有额外的能量加入，所以粮食产量提高得很慢。从公元前206年的西汉时期起，直到1911年的清朝共2 100多年，水稻亩产从40.2kg增加到195.3kg，平均13.6年才增加1kg，每年增加0.074kg，而小麦亩产增加得更慢，从60.3kg增加到97.7kg，平均56.6年才增加1kg，每年只增加0.018kg，如果按照这样的增速，怎能养得活 14 亿人口？旧中国几乎没有化肥工业，1949 年只有永利宁厂（南化公司前身）生产的 2 万多吨硫酸铵，折合 0.6 万 t 氮，磷、钾肥是空白的，到 1955 年才有第一家磷肥厂投产，产品是过磷酸钙，年产量约折合 1 000t P_2O_5，到 1982 年才有了盐湖钾肥产品，年产 24 000t K_2O。此后氮、磷、钾的生产和施用驶入了快车道，粮食单产和总产均有了大幅度提升。粮食总产量由 1949 年的 1 320 万 t 到 2009 年增至 54 650 万 t，60 年增长了 3.8 倍，平均每年增加 122 万 t。水稻亩单产由 126kg 增加到 439kg，小麦亩单产由 43kg 增至 315.9kg，平均每年增 5.2kg 水稻和 4.5kg 小麦，这与氮、磷、钾等化肥的推广应用是分不开的。1978 年我国化肥总用量为 448 万 t，到 2013 年增至 5 912 万 t，同期的粮食总产则由 3 亿多吨提高到 6 亿多吨，2022 年和 2023 年我国化肥年总产稳定在 5 500 万 t 左右，粮食年总产接近 7 亿 t 左右。诚然，作物产量的高低受诸多因子的影响，如作物品种的改良、水利建设、病虫害防治、田间管理和栽培技术的改进等，但化肥（包括 N、P、K 甚至微量元素）的施用起着不可替代的重要作用，特别是在 20 世纪 70 年代后期的一段时间。

通过近两个世纪的化学分析和不断地深入研究，我们已经非常清楚地知道，我们所种植的作物生长所必需的养分元素包括，大量元素：碳、氧、氢、氮、磷、钾、钙、硫、镁；微量元素：铁、锌、硼、钼、铜、锰、氯、镍；有益元素：硅、钠、硒等，在土壤中的矿质营养元素都是以离子形式被植物吸收利用的。

在化肥被广泛应用以前，人们就把堆沤好的人和畜的粪便送到田地里，25 年前我曾经做过这样的工作，还有的地方把鸟粪及骨粉、花生饼、豆饼、臭鱼烂虾及动物的下脚料等当作肥料来施用，李比希描述"农民在土地上施用骨粉，不是因为知道它含有什么，而是因为他们希望有更高的粮食和饲用作物产量，经验告诉他们，没有骨粉就不能获得高产"，矿质营养学说提出以后，人们知道了是所施用的肥料中含有氮元素所起的增产作用，那么直接施用氮肥成为快速增加产量的选择。当氮肥被发现对作物有巨大增产效应的时候，也就拉开了氮肥工业发展的序幕。

19世纪初，在智利的沙漠地区，人们发现了一个很大的硝酸钠矿，于是，很快得到了开采，到19世纪中叶，世界上所使用的氮肥就主要来自智利的这一矿床。但是，由于天然硝石的产量毕竟极其有限，智利的这个矿也只够开采几十年，所以，当时在世界上十分珍稀。那时农业上所使用的氮肥主要还是来自有机物的副产品。

到了19世纪后期，随着炼焦工业在欧洲各国的逐渐兴起，人们又发现，用炼焦的副产品氨为原料，可以制成硫酸铵，作为氮肥来使用，这样，廉价的炼焦副产品又逐步成为氮肥的另一个来源。

尽管如此，随着农业生产的发展和地球人口的不断增加，天然氮化合物的数量已越来越无法满足农作物生产的需要，世界各国越来越迫切要求建立规模巨大的生产氮化合物的工业。1898年，英国物理学家克鲁克斯，最先意识到化肥对人类的重要性，他在布里斯特召开的大英科学协会上发表演说，在列举了大量事实之后警告人们说："由于人口增加，土地变得狭窄了，长此下去，粮食不足的时代就会到来，解决的办法是必须找到新的氮肥。"

克鲁克斯的警告，首先引起了德国的重视，因为德国所瓜分的殖民地很少，粮食必须自给自足。和其他欧洲国家的科学家一样，德国的化学家也在想使空气中的氮气同氢气直接化合得到合成氨，并使它变成化肥硫酸铵。然而，这并不像使氧气和氢气化合生成水蒸气那样简单，许多化学家都认为难以进行，连李比希也认为那是不可能的事情。然而几经周折，却有人干成了这件事，那就是弗里茨·哈柏，他的研究历程可以说是一波三折，但的确也是功不可没。

从 BASF 公司的所在地路易港溯莱茵河而上，有一个地方叫卡尔斯鲁厄，此处有一所著名的大学叫卡尔斯鲁厄工程学院。该学院的化学教授弗里茨·哈柏，此时也因深受克鲁克斯警告的影响，开始致力于氨合成的研究工作。1902 年初，为了研究合成氨理论，哈柏去美国进行科学考察，他专程参观和访问了设在尼亚加拉的一座模仿自然界雷雨放电的生产固定氮的工厂。通过参观，使他对固定氮为氮氧化物和氨的研究产生了浓厚的兴趣。返回德国后，他便一头钻进了实验室，开始了这一划时代的研究工作。

哈柏研究氨的合成理论，是从可逆反应的平衡条件方面入手的。哈柏认为，仅有催化剂的知识是不够的，需要有对化学反应的新的理解——化学平衡理论，这个理论的核心就是：原料物质一般不会全部成为生成物质，同时，生成物质也会发生逆反应。在一定的反应条件下，即浓度、温度、压力之下，这种正逆反应是平衡的。哈柏认识到，若根据这种思想调整反应条件，从前认为不可能的氨合成也许是可能的。哈柏首先想到，也许高温会进行这个反应。他按照他的思路开始进行试验，但是，结果却出乎意料，当温度升高到 1 000℃时，氨的产量才不过是原料体积的 0.012％，这还不如低温时的产量。但是，降低反应温度时，反应却又变得十分缓慢。哈柏认为，为了使化学反应加快，需要有适当的催化剂。从 1904 年 4 月至 1905 年 7 月，这一年多时间里，虽然哈柏他们夜以继日地坚持在实验室里做着各种枯燥的试验，但几乎每次试验的结果都令人失望。于是，投资方马古利斯兄弟见无利可图，便取消了对这个项目的资金支持，这样，哈柏就陷入了极度窘迫的境地。

与此同时，在柏林大学研究化学平衡理论的瓦尔特·赫尔曼·能斯特教授，也已投入了合成氨理论的研究，他亲自制造高压釜，进行高温、高压试验。经过试验，他发现哈柏的试验结果有问题，数字过大，实际上仅 0.0032%，还要再小一个数量级，这就证明了哈柏的试验结果是不可行的。瓦尔特·赫尔曼·能斯特为了使他的研究能够实现工业化，请求某个有名的化学公司制造设备，虽然它的压力并不算太高，但是，这个公司还是难以制出能耐住这样高温、高压的设备，于是，他犯了一个极大的错误，打消了实现工业化的念头，而埋头于实验室研究。

哈柏虽然在计算上有错，但在与能斯特的这场争论中，弄清了要使产量进一步提高就要对原料气——氮气和氢气施以高压、降低温度，并使用催化剂。

能斯特灰心了，哈柏却没有灰心，他从瓦尔特·赫尔曼·能斯特终止的地方开始了新的试验。此时，他不仅已经熟悉这个试验的理论，而且具备了成功的基础。

哈柏等人在化学平衡理论的指导下，开始一点一点地、耐心地进行试验，他们试验在什么样的压力和温度下产量能达到百分之几。他们还下大力气寻找最佳的催化剂，曾把能够经受数百个大气压的反应容器镶嵌在枪弹壳里，用阿乌埃尔社团的瓦斯灯公司提供的铂、钨、铀等稀有金属，竭力寻找新的催化剂。

哈柏就是在这样的困境下，冒着高温、高压的危险继续试验。正当哈柏的试验研究屡遭失败而一筹莫展的关键时候，法国科学院院刊上报道了法国化学家采用高温、高压合成氨，而使反应器发生爆炸事故的消息。哈柏知道后深受启发，他果断地改变了试验条件，特别是提高了反应压力，并改进了工艺，终于取得了令人振奋的进展，合成氨的产量显著增加了。

1907年，哈柏等人选择锇或铀为催化剂，在约550℃和150～250个大气压的不寻常的高压条件下，成功地得到了8.25%的氨，第一次成功地制取了0.1kg的合成氨，从而使合成氨有可能迈出实验室阶段。这无疑是一个具有实用价值的突破。而在此时，能斯特以50个大气压、685℃，以铂粉或细铁粉、锰做催化剂，却只取得了产量为0.96%的氨。哈柏的试验比能斯特的试验几乎高出8倍。

这一胜利极大地鼓舞了哈柏和他的助手们，他们预感到合成氨的试验研究已进入了实用化阶段，于是，又加紧对高温、高压合成氨工艺的研究。经过艰苦卓绝的试验研究，他们取得了一系列第一手的试验数据，大大加快了试验研究的步伐，不断取得令人振奋的新进展。

哈柏的科研成果极大地震动了欧洲化学界，化工实业界人士纷纷购买他的合成氨专利，独具慧眼的德国巴登苯胺纯碱公司捷足先登，抢先付给哈柏2 500美元预订费，并答应购买他以后的全部研究成果。但公司中很多工程师，对钢制反应容器的赤热程度表示不安，对如此高压更感吃惊，因而对它的工业化持有怀疑。他们想起法国所发生的反应器爆炸的消息，担忧地说："昨天爆炸的高压釜只有 7 个大气压。"言外之意，哈柏的高压试验条件也可能引起爆炸。

1909 年，哈柏又提出了"循环"的新概念。所谓"循环"，就是让没有发生化学反应的氮气和氢气重新返回到反应器中去，把已反应的氨通过冷凝分离出来，这样，周而复始，以提高合成氨的获得率，使流程实用化。这一概念的提出，可以说是合成氨迈向工业化进程中具有决定性意义的重大突破。德国政府极为重视，立即接受和采用了这个新设想。

当年 7 月 2 日，哈柏在实验室制成了一座小型的合成氨装置模型，这是世界上第一个氨合成装置的模型。博施同他的部下米塔希一起，作为巴登苯胺纯碱公司的代表，前来接收哈柏的试验技术和装置。哈柏当场演示了他的合成氨装置，这种装置魔术般地以每小时 0.08kg 的速度合成着氨。博施亲眼看到了液氨滴落的情况。前来观看的专家们共同认为，用不了多长时间，它将成为日产几吨的设备，从而清楚地预见了它的工业化的前景。

巴登苯胺纯碱公司立即买下了哈柏合成氨的专利权，并将其全部研究成果接收下来，双方还签订了协议，其要点是：不管生产工艺如何改进，合成氨的售价如何下降，巴登苯胺纯碱公司每售出 1t 氨，哈柏分享 10 马克，其收入永不改变。1913 年 9 月在德国的奥帕（Oppau）建成了世界上第一座合成氨厂。

1919 年，瑞典科学院考虑到哈柏发明的合成氨已在经济中显示出巨大的作用，经过慎重考虑，正式决定为哈柏颁发 1918 年度的世界科学最高的荣誉和奖励——诺贝尔化学奖，以表彰他在合成氨研究方面的卓越贡献，从此，他跻身于世界著名化学家的行列。

　　硫酸铵为最古老的氮肥品种之一，远在用氮和氢合成为氨的方法尚未掌握之前，其生产便已开始发展，最初是利用炼焦及煤气工业在干馏块煤时所得到的副产氨来制造硫酸铵，以后利用合成氨制造硫酸铵的方法得到了巨大的发展，一度在意大利、英国、日本和印度等国的氮肥生产中所占比例特别高。中华人民共和国成立前我国只有大连和南京永利宁厂两个规模不大的硫酸铵厂。此外，还有用石膏、硫酸钠替代硫酸。石膏经粉碎后，在氨水中振荡并向其中通以 CO_2，使形成的碳酸铵再与石膏或硫酸钠起复分解作用而得到硫酸铵。

　　合成氨与制碱工业相结合，在生产苏打的同时获得副产品氯化铵。

　　合成氨经过氧化可得到硝酸，而硝酸与氨结合生成硝酸铵，使氮肥工厂摆脱了硫酸原料的运输。硝酸铵含氮浓度高于硫酸铵又不存在硫酸铵所含的副成分 SO_4^{2-}，使运输上的经济效益增高。第二次世界大战后，曾经在美国、西德、苏联、荷兰、法国、奥地利大规模生产。为了改善硝酸铵的吸湿性、结块性等不良物理性质，继而把熔融的硝酸铵与硫酸铵相混合即可局部形成（NH_4）$_2SO_4$-NH_4NO_3：的复盐，称为硫酸—硝酸铵。

　　除了氨与氧相化合生成挪威硝石，氮与氢化合生产合成氨之外，还有氮与碳化合以固定空气中的氮，形成氰氨化合物及其衍生物，并由此发展到生产尿素。最早生产尿素的方法是氨化钙法，此法以 CO_2 分解氰氨化钙生成氨基氰，然后在酸性溶液中用水处理氨基氰，稍稍加热即与水化合生成尿素。而更经济的尿素制造法是用氨及 CO_2 直接合成的方法，当前化肥生产中尿素已成为氮肥的主要品种。

20 世纪 60 年代开始，合成氨原料路线从煤、焦炭转向石油、天然气，大大丰富了原料来源，加之合成氨生产技术获得改进，使产量迅速上升。与此同时，复合肥料、混合肥料、液体肥料相继得到发展，而一些老的氮肥品种其发展速度则相应降低。如硫酸铵的生产逐渐为副产硫酸铵所代替，直接合成的硫酸铵相形逊色。

从目前来看，在农业生产中化肥在各项增产因素中的作用占 40%～60%。经测算，氮肥对玉米、水稻产量的贡献率在 30%～50%。[贡献率%=（施肥产量－不施肥产量）/施肥产量×100%]；钾肥对玉米、水稻产量的贡献率为 20%～30%；磷肥对玉米、水稻产量的贡献率为 10%～20%。

在农业生产中化肥已经成为不可或缺的生产资料，化肥中的营养元素已经成为目前主要作物营养元素的最重要来源。

由此我们讨论一下有机农业的施肥原则，对植物而言，施用有机肥植物根系所吸收的矿质营养和施用化肥植物根系所吸收的矿质营养从存在形态上看是别无二致的，有机肥提供的铵离子和化肥提供的铵离子是没有差别的，提供的钾离子、铁离子、锌离子也都是一模一样的。从这个角度看，有机生产不应该排斥化肥的应用，通过化肥对植物进行营养补充，使植物生长更健康，营养更丰富和更均衡，对食用者来说也是更营养和更健康的选择，值得一提的是，玉米和水稻在正常生产过程中，产量越高，籽粒中所含的碳水化合物越高，所含的肥

14

料所提供的矿质营养元素反而会相对低一些，这也就意味着通常情况下并不是粮食产量越高我们吃的化肥就越多。有机农业的发展强调的是生态、环保、健康和可持续发展的理念，之所以有机农业从概念和实践上都排斥化肥的应用，最主要原因是人们在生产生活中大量地关注了化肥应用所带来的负面影响，比如土壤板结、土壤有机质含量下降、土壤肥力下降、土壤酸化、土壤盐碱化、土壤污染、水体污染、空气污染、农产品品质下降，甚至氮肥过量导致蔬菜亚硝酸盐含量超标引起中毒等内容，这些负面效应的确是在一定范围内客观存在的。然而我们需要思考的问题是，这些负面效应是化肥应用的必然结果吗？如果通过技术手段避免化肥的负面效应，那么有机生产是完全应该接受化肥的应用的。有机农业的提出，实质上是对化肥的应用提出了更高的技术需求，也对未来农业的发展提出了更高的期许。有机生产，不只是为了生产健康无公害的产品，更应该是在倡导生态、环保、健康的生产方式。比如有机生产标准中强调不应使用矿物氮肥，不只是因为如今市面上的氮肥都是工业合成的，最主要的是氮肥施入土壤如果不立即被植物吸收，就会有破坏土壤结构和污染水体、污染空气的风险。

那么我们未来的有机生产或者说未来的农业生产到底该不该施用化肥呢？如果通过技术手段解决化肥带来的所有不利影响，又能获得足量、营养均衡和健康的食品，而且同样能够实现生态、环保、可持续的生产，那么为什么不用更高效的化肥呢？那么对于化肥的应用至少需要注重以下环节的研究和改进，第一，化肥当中不能含有有害的物质，比如化肥的生产工艺要更加精进，纯度要有保证，最起码有害物质不能在土壤中得到积累和长期施用也不会造成环境污染；第二，化肥的使用过程中要根据作物的营养需求规律给予科学的补给，不超标、不超量，时期合适，方法得当，施用化肥量以对环境和土壤不造成生态压力为标准，尽量做到施用量与作物健康生长需求量相统一；第三，在施用化肥的同时注重有机物料的投入，保持土壤肥力的提升，促进农业可持续生产；第四，改进施肥方法，通过精准施肥或其他技术手段，实现减少化肥对土壤和生态造成的压力；第五，研究新型环保肥料，直接满足有机可持续生产需求。当然一旦放开有机生产的化肥应用，管理可能会面临大问题，首先对农产品的品质需要进行鉴定，鉴定产品质量是否符合标准，有没有某项指标过量或者不足；其次是对环境进行严格的监测，有没有对环境造成不健康的影响；最后对生产流程也要有严格的把关程序，施肥量的大小和时期是否严格按流程执行等。

有机生产概念：按照目前有机农业生产的要求，遵照特定的生产原则，在生产中不采用基因工程获得的生物及其产物，不使用化学合成的农药、化肥、生长调节剂、饲料添加剂等物质，遵循自然规律和生态学原理，协调种植业和养殖业的平衡，保持生产体系持续稳定的一种农业生产方式。《有机产品　生产、加工、标识与管理体系要求》（GB/T 19630—2019）中规定可使用溶解性小的天然矿物肥料，但不应将此类肥料作为系统中营养循环的替代物。矿物肥料只能作为长效肥料并保持其天然组分，不应采用化学处理提高其溶解性。该标准中还强调不应使用矿物氮肥。

第二节　不需要施肥的营养元素

　　说起大量元素，人们首先想到的就是氮、磷、钾，而不会去提及碳、氢、氧。从营养元素的功能和施肥实践来看，植物对碳、氢、氧元素需求虽然很大，但它们主要来源于空气和水，空气和水处于动态循环状态，我们生活在其中，自认为把作物种植在了适宜的环境之中，习以为常和理所当然地认为空气和水是取之不竭、用之不尽的，是不需要用施肥来供应的营养元素。所以，一般不会引起农业生产者把它们作为营养元素来关注。

　　水是由氢元素和氧元素组成，所以单纯从成分上看水为作物提供了最多的必需的营养元素氢元素和氧元素。而水本身也是植物最重要的组成部分，水分是植物体内最多的物质，也是最重要的、无法替代的物质，水分占植物体鲜重的 60% ～ 90%，既可作为各种物质的溶剂充满在细胞中，也可以与其他分子结合，维持细胞壁、细胞膜等的正常结构和性质，使植物器官保持直立状态。植物细胞内的物质运输、生物膜装配、新陈代谢等过程都离不开水。前面讲的土壤中的矿质营养元素也必须在水溶液中才能形成被作物吸收的离子状态。所以，水不只是提供了营养元素，还为其他营养元素的吸收利用及生理功能的发挥提供基础条件。目前看来地球上没有水也就没有生命的存在。在农业生产中需要注重作物的水分管理，促使其他因子发挥出最大生产功能，从而成就产量最大化。

植物的生长是植物利用光合作用合成有机物来建构自身细胞的过程，众所周知植物通过光合作用吸收空气中的 CO_2 以积累碳元素，植物中碳元素的主要来源是空气中的 CO_2，积累的碳元素占植物干物质的 40% 左右，是构成有机物骨架的基础，如同一栋楼房的钢筋一样。同时，碳能与氢、氧元素形成各种各样的碳水化合物，这些碳水化合物不仅构成植物坚实的骨架，而且也是植物临时储藏食物或者参与体内物质新陈代谢活动的物质。当碳元素缺乏时，植物往往表现出长势差、生长畸形、叶色失绿无光泽、根系衰弱、植物早衰等现象，碳元素不足一般在温室、大棚等封闭式种植模式出现，但通过通风换气、饲养动物、改良土壤等措施都可以解决。目前大田碳营养的补充基本依靠大气中的 CO_2 来自然补充，有人担心这种靠天补碳的方式不能满足现代和未来高产农业的发展需要，然而我们更需要关注的是随着工业文明的发展进程，到目前为止温室气体 CO_2 的排放一直还在呈上升趋势，如果依靠现代农业的发展或未来农业的发展能够固定更多的 CO_2，减少大气中的温室气体，那么我们农业的功能就不仅仅是提供充足健康的食品了，还肩负起了生态、环保、可持续发展的重大使命。实际上我们也的确应该那样去规划和发展。化石燃料的广泛应用将埋藏于地下的大量的碳以 CO_2 的形式排放到大气之中，要把这些排放到大气之中的碳回收回来，目前来看最有效的方法是通过植物生长把 CO_2 转化为生物有机碳，储存于生物有机体内或土壤中。有研究表明温带森林土壤和农业土壤可能成为大气 CO_2 浓度的主要调节者。通过种植生物量大的作物（例如玉米），使其根系及秸秆在原地分解后既能增加土壤净初级生产力，又能将空气中的二氧化碳固定到土壤中，提高土壤碳储存量应该是农业生产的重要选择。

自然土壤把碳保存在很稳定的土壤微粒中，随着环境条件的改变和土壤结构的稳定性被破坏，如土壤耕作，使最初在土壤中受到保护的有机质暴露出来，在微生物的作用下加剧了通过分解作用和呼吸作用而释放到大气中形成碳损失。据估计，在过去的 200 年时间里，从土壤中损失的碳（C）约 78 GT（Lal，2004）。土壤碳损失意味着土壤有机质含量下降，土壤肥力降低，大气温室效应增强。

土壤碳循环不仅关系到陆地生态系统生产力的形成，而且也影响到整个地球系统的能量平衡，影响到全球的气候变化。而全球气候变化又反过来影响土壤有机碳的分解，气候变化对土壤有机质存量的影响有两种方式：一是影响植物生长，从而改变每年回归土壤的植物残体，二是改变植物残体的分解速率。在自然状态下，植物生长旺盛，吸收了更多的二氧化碳，温室气体减少，气温下降，生态宜居，植物残体回归土壤，温度下降使植物残体分解速率下降，碳排放减少，土壤越来越肥沃，良性循环持续发展。由此看来，我们通过各种农艺措施包括化肥应用来促进作物生长旺盛和产量提高，也是在为全球生态持续向好迈出了第一步，但亟须注意的是，我们的第二步和第三步是否遵循这一自然规律，生产过程与自然状态虽然存在较大的差别，但其中的一些环节不应与自然规律背道而驰。第一步，通过农业技术手段我们的作物获得了很好的生长量，固定了更多的 CO_2，获得了更多的有机物，那一定是降低大气温室气体的正确措施，看来第一步是对的，包括施用化肥促进植物生长；第二步，植物残体回归土壤这一步可能就有较大的问题，粮食被拿走我们觉得天经地义，秸秆残株的处理竟然意见都不能统一，焚烧秸秆的现象还在大面积发生，好不容易固定的 CO_2 一把火又放回了大气，只有作物的根系以有机物的形态留在了原地，现在的粮食又有一大部分用于生产能源燃料，最终也被排放到大气，由此看来可能只有一少部分产品最终以排泄物的形式回归自然，但排到自然界的哪里也不确定，回归到生产粮食的耕地里的就越来越少和少之又少；第三步，土壤没有越来越肥沃，而是大部分变得越来越瘠薄，当然土壤肥力变差除了没有及时归还有机物，还有耕作、管理甚至是不合理施肥等原因，但最需要关注的是土壤肥力下降意味着土壤向大气中排放了更多的 CO_2，导致温室气体进一步增加。那么以温室气体增加为条件再推导一下，温室气体增加，气温升高，极端天气增加，干旱、洪涝频次增加，生态条件恶化，植物不能正常生长甚至是死亡，不仅不能固定空气中的 CO_2，而且死亡的植物被分解排放更多的 CO_2，温度升高，土壤有机质分解速度加快，排放更多的 CO_2，气温进一步升高，形成气候正反馈，温度进一步升高，沙漠增加，如果不加以干预，就会导致生态崩溃。那么如何干预就要从第二步、第三步入手，首先，尽量把植物产品归还给土壤，尤其是秸秆，同时尽量将生物排泄物归还给耕地土壤；其次，通过促进节能减排的政策措施，减少粮食消耗，压缩农田面积，增加森林面积是改善生态环境的一个重要选项；最后，通过多种农艺管理技术实现农田土壤有机碳增加并减少排放，推广少耕免耕的保护性耕作模式是其中的一个重要选项。

第三节　空气中的氮元素

　　土壤中的氮素有 92% ～ 98% 是以有机态氮的形式存在，土壤当中的绝大部分氮素是不能被作物直接吸收利用的，在土壤中能够被作物根系吸收的氮素主要是土壤溶液中的铵态氮离子（NH_4^+）和硝态氮离子（NO_3^-），而这些氮素离子的来源主要有：第一，在微生物作用下和氧化还原反应作用下有机物的分解，有机态氮分解为无机态铵态氮离子和硝态氮离子；第二，雷电发生时空气中的氮气（N_2）和氧气（O_2）会经电离和化合而形成易被植物吸收的氮肥，随降雨进入土壤以铵态氮离子和硝态氮离子形式存在；第三，工业合成化学氮肥的施用。氮虽然以不同形态存在于大气圈、岩石圈、生物圈和土壤圈中，但是氮素储量最大的氮素库是大气层，其中 78% 是氮气，如果不能够被生物利用，那就太可惜了。事实上，生物从诞生开始就一直在开发和利用大气圈中的氮素，直到今天，可以认为土壤当中绝大部分的氮素仍然都是生命体直接或间接地吸收和利用大气圈中的氮素而形成的积累。

　　目前看可以直接利用大气氮素的生物有：豆科作物根瘤菌或某些非豆科作物根系共生根瘤菌和其他微生物，这些生物的固氮作用非常奇妙，其固定氮素以后可以直接或间接地提供给植物氮素营养，这些微生物能够直接吸收空气中的氮素并把它转化成能被植物吸收利用的形态。尽管哈伯—博施合成氨法问世已经一百多年，但是人们对于生物固氮的化学模拟，也就是用化学的方法模拟生物的固氮功能，以便生产出大量廉价的含氮化合物，特别是生产出化学氮肥的愿望一直没有放弃追求，不过，直到今天，全世界依靠化学工业每年的固氮量，也只能达到生物固氮量的 3% 左右。

种植豆科植物，可以改良土壤，提高作物产量，这是一项古老的生产经验，南宋时期《陈旉农书》总结了南方稻后种豆，有"熟土壤而肥沃之"的作用。在《战国策》和《僮约》中，已反映出战国时的韩国和初汉时期的四川很可能出现了大豆和冬麦的轮作。后汉时黄河流域已有麦收后即种大豆或粟的习惯。尽管很早人们就认识到豆科植物可以肥沃土壤，种植豆科植物之后，再种植其他作物可以获得更高的产量，但究竟是什么深层原因，直到 19 世纪后期才弄明白。

陈旉（1076—？），自号西山隐居全真子，又号如是庵全真子。他生于南北宋交替、南宋偏安江南的战乱时期，在真州（今江苏省仪征市）西山隐居务农，于南宋绍兴十九年（1149 年）74 岁时写成《陈旉农书》，经地方官吏先后刊印传播。明代收入《永乐大典》，清代收入多种丛书。18 世纪时传入日本。《陈旉农书》全书 3 卷，22 篇，1.2 万余字。上卷论述农田经营管理和水稻栽培，是全书重点所在。中卷叙说养牛和牛医。下卷阐述栽桑和养蚕。陈旉以前的农书，多为古代北方黄河流域一带的农业经验总结，本书则为第一部反映南方水田农事的专著；同时亲自务农而具有理论和实践上的特色。他特别强调掌握天时地利对于农业生产的重要性，指出耕稼是"盗天地之时利"，具有与自然作斗争的精神；提出"法可以为常，而幸不可以为常"的观点，认为法就是自然规律，幸是侥幸、偶然，不认识和掌握自然规律，"未有能得者"。因此，在一系列农耕措施中，都有超越前人的新观点。如著名的"地力常新壮"论，就是对中国古代农学史上土壤改良经验的高度概括。他在"粪田之宜篇"中说，尽管土壤种类不一，肥力高低，但都可改良；认为前人所说的"田土种三、五年，其力巳乏"之说并不正确，主张"若能时加新沃之土壤，以粪治之，则益精熟肥美，其力当常新壮矣"。"地力常新壮"论在改良土壤、培肥地力等方面直到现在仍然具有指导意义。

1838 年法国的布辛高（J. B. Boussingault）通过田间试验和农化分析的研究结果指出，三叶草和豌豆等豆科植物能够直接吸收同化大气中的氮素，这一见解遭到当时农业化学权威的攻击。而布辛高对自己的试验方法和结果也不完全满意，于是在 19 世纪 50 年代中期又重复进行了过去的试验，结果不论豆科或非豆科植物都没有吸收大气中的氮素，他也认为自己早先的田间试验得出的结果是错误的。

1866 年俄国的沃罗宁（M. C. Boponm）最先发现豆科植物根瘤中有微生物，并指出根瘤的形成是微生物入侵植物的结果，但他没有把根瘤和豆科植物的固氮联系起来。因此，对豆科植物如何获得氮素的问题一直都没有一个完整的认识。

直到 1886 年德国的农业化学家黑尔里格尔（H. Hellriegel）进行了 3 年砂培试验，证明了豆科植物只有形成根瘤时才能固定空气中的氮素，并在柏林举行的第 59 届德国科学家和医生大会上作了题为"什么是植物的氮源"的报告，宣布豆科植物根瘤具有固氮功能，很多人受到鼓舞，引起了强烈反响，但也遭到一些人的反对。此后，他又继续进行周密而更大规模的试验，于 1888 年和惠尔法斯（H. wiltarth）一起发表了长达 234 页的详尽研究报告，以充分的证据肯定了两年前提出的结论。同年，荷兰的贝依林克（M.W.Beijerinck）首次从根瘤中分离获得了根瘤菌的纯培养。1889 年波兰的柏拉兹莫夫斯基（Prazmowski）用根瘤菌纯培养接种豆科植物形成了根瘤，至此人类在认识客观世界的进程中又跨过了一个里程碑。黑尔里格尔和惠尔法斯因贡献突出成为豆科植物根瘤菌共生固氮研究的开创者。

微生物共生固氮在自然界氮素循环中占有极其重要的地位，对农业生产也具有十分重要的意义。大豆籽粒含氮量在 4% ～ 6%，秸秆中 N 养分含量在 1% ～ 2%。按大豆亩产量 200kg 计算（目前大豆高产田均已经超过此产量水平），一亩地籽粒需要吸收氮素 8 ～ 12kg，秸秆每亩需要吸收氮素 2 ～ 4kg，通过研究表明，大豆生产过程中根瘤固氮占大豆总需求量的 50% ～ 60% 以上。因此通过接种根瘤菌和施用钼肥促进大豆根瘤发育，是促进根瘤固氮而节约化学氮肥的有效措施，经过试验证实，通过这两项措施的任何一项措施，一般都能获得较好的增产。

土壤中全氮含量一般在 0.4 ～ 7.5g/kg，耕地土壤的全氮含量在 0.4 ～ 3.8g/kg，一般来说同一种土壤类型土壤全氮含量与土壤有机质含量呈高度直线正相关，其最主要原因是土壤中的氮素绝大部分是储存在有机质之中的，所以有机质含量高，全氮含量也高，而速效氮则占土壤全氮的一小部分，一般来说自然土壤速效氮含量不会高于全氮含量的 15%，由此判断土壤的氮素来源绝大部分是来自有机物，也就是土壤氮素绝大部分是来自生命体及生命体残留物。空气中氮（N_2）约占78%，空气中的氮素虽然在漫长的历史岁月中会通过雷电和降水大量以能够被植物吸收的形态进入土壤，但不通过生命体的固定和转化很难在土壤中得到保存，当土壤速效氮在土壤溶液中达到一定浓度，就会直接损失掉，或者进入地下水或者回到大气中，土壤对速效氮的保有量是有一个限度的，我们施用大量的氮素化肥使土壤速效氮含量陡崖升高，然后几周就会很快下降到原来的含量水平，这是土壤对速效氮的保有量限度导致的。大豆生长过程需要大量的氮素，生产中从单位面积需求量来看远远超过了玉米，土壤中的全氮的量虽然较大，但大部分以有机态氮形式存在，不能被大豆根系直接吸收利用，以土壤中的速效氮含量根本满足不了大豆生长需求，大豆共生细菌根瘤菌在根瘤中则能够源源不断地固定空气中的氮素，正好来满足了大豆的生长需求。在自然条件下，大豆从土壤中吸收了40%～50%的氮素，通过根瘤菌又固定了50%～60%的氮素，死亡后全部都回归土壤，相当于借了4kg的氮素，归还了10kg的氮素，而且是以有机态的形式归还给土壤。由此看来豆科植物在漫长的历史长河中为土壤氮素的积累或者说是土壤肥力的保持和提升做出了多么巨大的贡献。而在农田系统当中我们打破了这种循环积累的闭环，在取走大豆产品的时候带走了大豆积累的大部分氮素，尽管如此，大豆根瘤在生长和代谢过程中仍然向土壤排出了大量的含氮化合物，会使土壤氮素有所增加，起到了培肥地力的作用，那么利用这个原理建立农田培肥机制是我们需要思考和研究的课题。

土壤中氮素的积累和土壤中碳素的积累大体上是一样的过程，都是生命体直接或间接地固定空气中的氮和碳，从而形成现在的土壤氮库和碳库。土壤肥力的高低，碳和氮起着决定性的作用。在自然条件

下，碳和氮的生物循环都是向着欣欣向荣的方向发展的。然而农业生产目前的发展打破了循环积累的闭环，在一定程度上将生态系统推向崩溃边缘，那么我们要改变这种趋势，就需要研究事态发展的内在逻辑，从而进行有效干预，纠正偏差，防止在错误的道路上越走越远。包括研究科学施肥和土壤健康。

第二章
施肥原理

科学施肥一般是这样定义的，是以土壤测试和肥料田间试验为基础，根据作物需肥规律、土壤供肥性能和肥料效应，在合理施用有机肥料的基础上，计算出氮、磷、钾及中、微量元素等肥料的合理施用量，选择适当的肥料品种，同时在合适的施肥时期，使用科学的施用方法进行施肥的技术方法体系。科学施肥技术的核心是调节和解决作物需肥、土壤供肥和人为施肥之间的矛盾。同时有针对性地补充作物所需的营养元素，作物缺什么元素就补充什么元素，需要多少补多少，实现各种养分平衡供应，满足作物的需要。达到提高肥料利用率、提高作物产量、改善农产品品质、节省劳力、节支增收、培肥地力的目的。

　　这个定义总结的是非常全面的，围绕着作物和土壤的化学分析，是以产量、效益和土壤肥力为目标中心来研究和协调施肥的技术体系。这里面还蕴含着深刻的经济原理，投入了多少，然后能获得多少。在当前农业生产中人们最注重的是施肥带来的经济效益，所以谈到施肥与经济原理大家一点也不会感到惊奇，然而我们需要认真思考的是获得经济效益是为了什么，我们的收益除了经济收益还有没有其他收益，在追求经济效益的时候有没有失去其他无法用经济衡量的东西。

第一节　养分归还学说

李比希提出的对农业影响巨大的第二个学说就是养分归还学说。马克思给"归还学说"以高度评价："李比希不朽功勋之一是他从自然科学立场把现代农业中的消极方面揭示出来了。"

养分归还学说，是指认为植物收获物从土壤带走的养分必须"返还"土壤才能维持生产力的观点。植物以不同的方式从土壤中吸收矿质养分，使土壤养分逐渐减少，连续种植会使土壤贫瘠，为了保持土壤肥力，就必须把植物带走的全部矿质养分和氮素以施肥的方式归还给土壤，否则由于不断地栽培植物，会引起土壤养分损耗，使其变得十分贫瘠，产量很低，甚至成为不毛之地。土壤虽是个巨大的养分库，但并非取之不尽，必须通过施肥方式，把作物带走的某些养分"归还"土壤，才能保持土壤有足够的养分供应容量和强度。养分归还学说对恢复和维持土壤肥力有积极意义。

我自2007年开始从事北兴农场的测土配方施肥工作，每年对50万亩左右的耕地进行样品采集和检测工作，每年采集和检测样品600～800个，样品采集的路线和位置分布基本上是相对稳定的，这样就比较有利于分析全场土壤养分含量变化趋势（如果数量年际间变化太大或位置每年差异很大，对于土壤养分变化趋势的分析可能就不可取），对北兴农场土壤养分进行汇总发现 15 年土壤养分有效磷（碳酸氢钠浸提法检测）含量上升了近 1/3。从有效磷含量变化来看，我们的耕地越种磷养分含量越高了（图 2-1）。

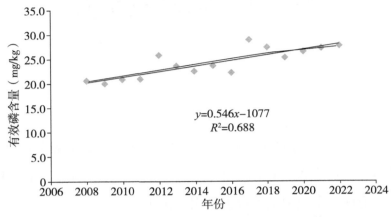

图 2-1　北兴农场土壤有效磷含量变化趋势

近 15 年来，玉米是北兴农场的最主要的作物，比例在 60%～95%，北兴农场玉米在当前产量水平下籽粒＋秸秆 P_2O_5 养分吸收量 5.29kg/ 亩左右，其中籽粒吸收量 P_2O_5 养分 3.48kg/ 亩，茎叶养分吸收量为 1.81kg/ 亩，自 2012 年开始进行秸秆翻埋还田，北兴农场玉米平均施肥量 P_2O_5 在 4.5～5.5kg/ 亩，也就是每亩每年施肥量比籽粒转移走的养分高 1～2kg/ 亩。大面积玉米种植，施肥量超过玉米籽粒转移走的养分，从而形成积累，是使得有效磷得到显著提高的最主要原因。磷素在土壤中的移动性相对较小，不容易随水流失，也不容易挥发到空气中，所以过量施肥导致磷素上升是正常的。

　　本来是想说我们的耕地越种越肥沃了，但转念一想感觉不对劲。因为土壤肥沃需要的指标可不能只是有效磷含量升高，况且有效磷含量升高对土壤来说是有利还是有弊端还需要进一步商榷。有机质含量是土壤肥力最重要指标之一，从图 2-2 和图 2-3 中可以看出 15 年来有机质含量呈明显的下降趋势，土壤全氮含量和有机质含量呈高度正相关，经分析15年来也是呈显著下降趋势，从另一个角度印证了土壤肥力实质上是下降了。

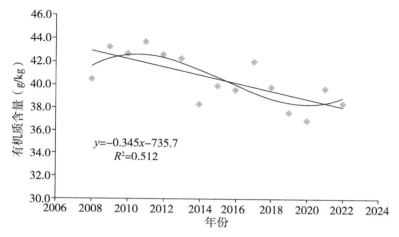

图2-2 北兴农场土壤有机质含量变化趋势

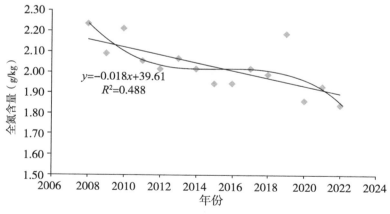

图2-3 北兴农场土壤全氮含量变化趋势

2017年作者撰写出版的《黑龙江北兴农场测土配方施肥研究进展》曾经指出北兴农场有效磷含量在呈上升趋势变化，并做了原因分析，同时提出应该减少磷肥用量。然而7年过去了，土壤有效磷含量仍然在继续上升。很显然，我们施用的磷肥一直超过了作物需求的量，甚至为了追求更高产量，肥料用量还有继续增加的趋势。

我们再来看看土壤速效钾含量变化，七年前写那本书时，北兴农场速效钾含量呈直线上升趋势，但当时曾经预言，如果有机质含量不被提升，速效钾含量不会持续升高，还有可能会随着有机质含量下降而下降。果然不出所料，自从做出那个预言，速效钾含量就开始下降了（图2-4）。预言这么快就实现了，多少让我有点沮丧。究其原因还是我们的归还措施可能出了问题。七年前分析出土壤速效钾含量上升是因为施肥过量导致的，然而自那以后我们的施肥并没有减少，还有升高的趋势，只能是我们的土壤对速效钾的持有限度降低所导致的，超出持有限度的钾离子会随水流失掉。而有效磷含量一直呈上升趋势，仅仅是因为磷素在土壤中移动性小而保住的，但也会有一个持有限度，我曾有机会经检测山西原平市的土壤，也调查过那里的施肥，磷肥用量远远超过玉米生产需求量，但那里的土壤有效磷含量却非常低，基本在 5 ~ 10mg/kg，是黑龙江土壤有效磷含量的 1/3 左右，这就说明那里的土壤最高持有限度是非常低的。

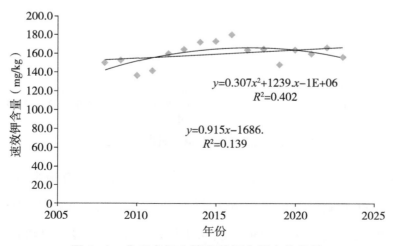

图 2-4　北兴农场土壤速效钾含量变化趋势

550 ～ 600kg/ 亩产量水平下玉米籽粒 + 秸秆 K_2O 养分吸收量 11kg/ 亩左右，其中秸秆 K_2O 养分吸收量 9kg/ 亩左右，籽粒 K_2O 养分吸收量 2.6kg/ 亩左右，秸秆养分进行还田，籽粒收获转移走 K_2O 养分 2.6kg/ 亩，生产中 K_2O 施肥量平均在 3.6kg/ 亩左右，比籽粒养分移出量多 1kg/ 亩左右。多出来的部分有可能使土壤钾含量升高，也有可能随水分流失。

水稻生产也存在着施肥过量的问题，就是磷钾肥的施肥量大于养分转移走的量，但水田的土壤养分相比旱田可能不会升高得多，因为水田随水流失较多是不可避免的，撒完肥没多长时间就需要排水晒田，那么溶解在水里的磷酸根、磷酸氢根和钾离子都会随水流走，水田生产一季需要反复灌水排水好几次，肥料养分的流失不可避免。

全氮含量变化已经明确是呈下降趋势，再看看碱解氮的变化，在 2010—2020 年 10 年间，碱解氮一直呈下降趋势，而这种下降应该是与土壤肥力变化有直接关系，也就是土壤对铵离子的持有能力有关，2021—2023 年种植结构调整，大豆面积增加到 40% ～ 50%，致使土壤碱解氮含量增加，那么从氮肥的角度，种植大豆的确可以提高土壤供应氮素的能力（图 2-5）。而大面积种植玉米，虽然施用的氮肥远远大于作物需求的量（玉米籽粒 + 秸秆 N 养分吸收量 8.5kg/ 亩左右，通常施肥量都超过 10kg/ 亩），但并没有带来土壤氮素的增加，反而导致土壤氮素的减少。

那么经过多年种植作物和施肥，再观察耕地土壤生产力的变化，用变化结果来评价归还的效果是最有效的。另外注意观察多少年才能做出判断也是需要斟酌的，短期内的变化可能就不会准确反映实质性进展，比如 3 ～ 5 年变化可能就不显著，5 ～ 8 年可能就存在一定假象，而 15 年的变化趋势就比 5 年明显的多而且可能更真实。

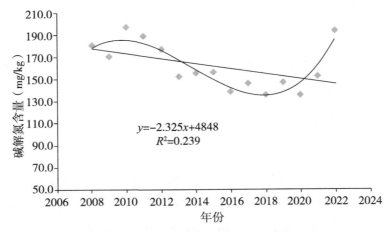

图 2-5　北兴农场土壤碱解氮含量变化趋势

　　李比希在《农业的基本原理》一书中告诫过我们，"所提到的独特耕作方法，仅仅在于我们努力用尽可能多的含氮物质来营养土壤。现在，氨和其他含氮化合物无疑会被视为激发土壤潜力的优秀'药剂'，但毕竟这些'药剂'可能会在某种程度上看作是一个银行家，他亲切地将我们必须花费的 1 个英镑兑换成 13 先令，然后我们就可以足够快地花掉这些零钱，这就说明了我们当中大多数人更爱和珍惜这位'乐于助人'的银行家。但这只是一种错觉迟早会被发现。"看到这些，养分归还学说也是用了经济原理。当然，李比希所指的是过量施用氮素，会过度消耗其他营养元素导致土壤肥力下降，这当然是其中一个重要原因。那么近 15 年来，导致土壤有机质、全氮、水解氮含量下降，速效钾的持有能力下降，这些可能都标志着土壤肥力的下降。目前我们归还养分都是以化肥形式归还的，单纯地施用化肥正是李比希所提到的"优秀药剂"。按现在的科学研究结论，单纯地施用化肥不能使土壤生态的营养功能得到保持和提升，因此才导致土壤肥力下降。关于土壤生态系统营养功能后面再加以论述。在这里我们需要理解的是养分归还的核心目的是保持土壤生产力不下降或者获得更高的生产力，从而保持粮食产量稳定或获得更高的粮食产量。所以现在我们在运用养分归还学说指导实践时，除了注重化学元素的平衡归还，还要保持有机养分不下降或有所提升，更重要的是提升土壤的生态营养功能。

李比希在《农业的基本原理》中给我们很多启示，比如"恢复一块土地与以前一样高的籽粒生产能力，自然前提是，生产新作物所需的条件应与供应前茬作物的每层土壤条件都保持不变，换言之，被籽粒吸收走的营养物质必须全部归还到耕层中"，同时李比希非常注重完美的循环系统"拉斯塔特（Rastadt）和卡尔苏赫（Carlsruhe）附近的沙荒地，现在已经变成了肥沃的粮田。假设农民把用这种人体排泄物生产的所有粮食提供给几个驻军城镇的军事管理部门，就可以建立一个完美的循环系统，使 8 000 人年复一年地获得面包，至少丝毫也不会降低粮田的生产力，因为粮食生产所需的养分总能返回土壤，将周而复始，循环下去"，"农家肥的施用在培肥土壤的效果方面是确定的，因为它是一种包含植物所有养分元素的复杂混合物，因此，在提供其他物质的同时，它也提供了相对最小的物质"。"如果能够在一点也不损失的情况下，收集所有城镇居民的全部排泄物，并将供应给城镇居民的全部农产品以排泄物的形成返还给农民的土地，那么在未来的几年里，土地的生产力会保持不变，每块土地上存储的营养元素都足以满足不断增加的人口的需要，然而，目前这一储量虽然足够，尽管有些农民注意用肥料来弥补土地因种植而损失的矿物质，但这些人在整个农民中的占比很小。迟早会有一天，因土壤中矿物质储存量的减少会使那些缺乏理智、不相信归还学说的人们认识到'归还'的重要性。如果不这样，父辈们的错误还会出现子孙身上""如果我们能把这些排泄物归还到土壤中，植物和动物的生活条件将会得到完全循环，土地将能保持持久的肥力状态。"

李比希在强调"归还"时最重视的还是人的排泄物和农家肥，虽然他只是强调营养元素的归还，但排泄物和农家肥作为生态系统完美循环的生态功能在现代科技看来是不容忽视的。现在耕地有机质含量下降，意味着我们要保持土壤肥力的稳定和提升，必须重视有机物的归还。

目前我们的农业生产向耕地的养分归还主要是通过化肥归还营养元素，绝大部分农田不但废弃了"排泄物"和"农家肥"的施用，而且有一部分农田秸秆还田也没有做好。玉米秸秆 K_2O 养分含量 9kg/ 亩左右，P_2O_5 含量为 1.8kg/ 亩左右，N 含量为 2.8kg/ 亩左右，如果能够全量还田，从归还营养元素的角度讲就做到了部分养分归还，折合成化肥归还的钾素就相当于 15kg 氯化钾，归还的磷素就相当于 4kg 磷酸二铵，归还的氮素就相当于 6kg 尿素。然而生产实践中出现了几种不利的情形，第一种不利情形，有的地方进行了大面积的秸秆打包，打包以后的去向有一部分是进行饲喂，产生的农家肥再回归给耕地，那也是很好的归还措施，被称为过腹还田，但还田的地块不一定是被取走秸秆的地块，有的粪肥也有可能并没有归还给耕地，而是以污染物的形式排放到某个场合（这在李比希的年代就普遍存在，他已经指出了对耕地其中的一些弊端）；第二种不利情形，打包送去了发电厂用于焚烧发电或送去锅炉焚烧供暖，变成灰分，也有一部分以化肥的形式回归了耕地，但大部分可能并没有回归耕地，而是被填埋在哪个不起眼的地方，最主要的是被打包秸秆的耕地只是被取走，而没有得到归还。对耕地来说粮食和秸秆都被取走而没有得到归还，对耕地土壤就是巨大的损失。秸秆的打包转移走的不只是失去了 25kg 的营养元素，更主要的是根本无法通过化肥进行有效的补充。一亩地玉米秸秆 K_2O

养分含量 9kg 左右，损失掉以后是无法用 15kg 氯化钾来进行弥补的，通过田间试验得出结论耕地上如果直接每亩施用超过 8 ～ 10kg 的氯化钾，就会导致土壤溶液盐的浓度过高，从而影响作物正常生长，直接导致玉米产量下降，每亩大豆施用氯化钾超过 5 ～ 8kg，就会带来大豆的产量下降，所以取走的养分量过大，是不能单纯通过施用化肥得到有效归还的。第三种不利情形，秸秆就地焚烧，有一部分养分会保留在耕地中，但也损失很大，比如焚烧后氮素基本丧失殆尽，其他矿质元素也会有一部分随着烟尘飘向其他地方，最主要的是秸秆焚烧把经过玉米一生积攒在秸秆中的有机碳释放的空气中，对耕地而言最需要补充的有机碳没有得到有效补充。

李比希在研究作物碳素来源时，确认植物中的碳来自空气中的 CO_2，同时注意到了土壤中的碳来自植物。但是限于当时的研究进展，并没有意识到土壤中的这种含碳有机物对土壤养分供应的生态功能。正如他自己所说的"用农家肥恢复肥力不能归因于可燃物质（氨盐和腐烂的植物物质）的混合，如果因为这些物质有效，它一定是从属的。农家肥的作用无疑取决于其所含植物不可燃的灰分成分。"按目前来看土壤含碳有机物（有机质）的存在是土壤本质属性之一，没有有机质存在的土壤从生态角度讲不能被称为真正意义的土壤，没有有机质存在的土壤就不可能孕育和存在生命，更不能生长植物。目前学术界把月球上的岩石碎末称为月壤，那是和地球表面充满生命气息的土壤截然不同的存在。充满生命气息应是地球土壤的本质属性。而地球表面土壤充满生命气息的物质基础就是含碳的有机质。

土壤有机质是指存在于土壤中的所含碳的有机物质，包括各种动植物的残体、微生物体及其会分解和合成的各种有机质。土壤有机质是土壤固相部分的重要组成成分，尽管土壤有机质的含量只占土壤总量的很小一部分，但它对土壤形成、土壤肥力、环境保护及农林业可持续发展等方面都有着极其重要的作用和意义。土壤中有机质的来源主要有以下几个，微生物是土壤有机质的最早来源，也是当前土壤有机质的生产者和组成部分；各类植物的凋落物、死亡的植物体及根系，是自然状态下土壤有机质的主要来源；土壤动物和非土壤动物的残体，及各种微生物的残体；植物分泌物；动物及微生物排泄物、分泌物等；人为施入土壤中的各种有机肥料（绿肥、堆肥、沤肥等），工农业和生活废水，废渣等，还有各种人为施入的微生物制品和有机化学品等。

土壤有机质的含量与土壤肥力水平是密切相关的。虽然有机质仅占土壤总量的很小一部分，但它在土壤肥力上起着多方面的作用却是显著的。通常在其他条件相同或相近的情况下，在一定含量范围内，有机质的含量与土壤肥力水平呈正相关。下面看看有机质的功能，就会知道它具备李比希当时还没有发现的对土壤养分供应的许多贡献。

土壤有机质中含有大量的植物营养元素，如必需的 N、P、K、Ca、Mg、S、Fe 等重要元素，还有一些其他的微量元素。土壤有机质经矿质化过程释放大量的营养元素为植物生长提供养分；有机质的腐殖化过程合成腐殖质，保存了养分，腐殖质又经矿质化过程再度释放养分，从而保证植物生长全过程的养分需求。土壤有机质还是土壤 N、P 最重要的营养库，是植物速效性 N、P 的主要来源。土壤全 N 的 92%～98% 都是储藏在土壤中的有机 N，且有机 N 主要集中在腐殖质中，一般是腐殖质含量的 5%。土壤有机质中有机态 P 的含量一般占土壤全磷的 20%～50%，随着有机质的分解而释放出速效磷，供给植物营养。在大多数非石灰性土壤中，有机质中有机态硫占全硫的 75%～95%，随着有机质的矿质化过程而释放，被植物吸收利用。土壤有机质在分解转化过程中，产生的有机酸和腐殖酸对土壤矿物部分有一定的溶解能力，可以促进矿物风化，有利于某些养分的有效化。一些与有机酸和富里酸络合的金属离子可以保留在土壤溶液中，不致沉淀，从而增加其有效性。土壤腐殖质与铁形成的某些化合物，在酸性或碱性土壤中对植物及微生物是有效的存在状态。

土壤有机质，尤以其中胡敏酸，具有芳香族的多元酚官能团，可以增强植物呼吸过程，提高细胞膜的渗透性，促进养分迅速进入植物体。胡敏酸的钠盐对植物根系生长具有促进作用，试验结果证明胡敏酸钠对玉米等禾本科植物及草类的根系生长发育具有极大的促进作用。土壤有机质中还含有维生素 B_1、维生素 B_2、吡醇酸和烟碱酸、激素、异生长素（β-吲哚乙酸）、抗生素（链霉素、青霉素）等对植物的生长起促进作用，并能增强植物抗性。

有机质在改善土壤物理性质中的作用也是多方面的，其中最主要、最直接的作用是改良土壤结构，促进团粒状结构的形成，从而增加土壤的疏松性，改善土壤的通气性和透水性。腐殖质是土壤团聚体的主要胶结剂，土壤中的腐殖质很少以游离态存在，多数和矿质土粒相互结合，通过功能基、氢键、范德华力等机制，以胶膜形式包被在矿质土粒外表，形成有机—无机复合体。所形成的团聚体，大、小孔隙分配合理，且具有较强的水稳性，是较好的结构体。土壤腐殖质的黏结力比砂粒强，在砂性土壤中，可增加砂土的黏结性而促进团粒状结构的形成。腐殖质的黏结力比黏粒小，一般为黏粒的1/12，黏着力为黏粒的1/2，当腐殖质覆盖黏粒表面，减少了黏粒间的直接接触，可降低黏粒间的黏结力，有机质的胶结作用可形成较大的团聚体，更进一步降低黏粒的接触面，使土壤的黏性大大降低，因此可以改善黏土的土壤耕性和通透性。有机质通过改善黏性，降低土壤的胀缩性，防止土壤干旱时出现的大的裂隙。土壤腐殖质是亲水胶体，具有巨大的表面积和亲水基团，据测定腐殖质的吸水率为 500% 左右，而黏土矿物的吸水率仅为 50% 左右，因此，能提高土壤的有效持水量，这对砂土有着重要的意义。腐殖质为棕色呈褐色或黑色物质，被土粒包围后使土壤颜色变暗，从而增加了土壤吸热的能力，提高土壤温度，这一特性对北方早春时节促进种子萌发特别重要。腐殖质的热容量比空气、矿物质大，而比水小，导热性居中，因此，土壤有机质含量高的土壤其土壤温度相对较高，且变幅小，保温性好。

土壤有机质是土壤微生物生命活动所需养分和能量的主要来源。没有它就不会有土壤中所有的生物化学过程。土壤微生物的种群数量和活性随有机质含量增加而增加，具有极显著的正相关。土壤有机质的矿质化率低，不会像新鲜植物残体那样对微生物产生迅猛的激发效应，而是持久稳定地向微生物提供能源。因此，富含有机质的土壤，其肥力平稳而持久不易造成植物的徒长和脱肥现象。

土壤动物中有的（如蚯蚓等）也以有机质为食物和能量来源；有机质能改善土壤物理环境，增加疏松程度和提高通透性（对砂土而言则降低通透性），从而为土壤动物的活动提供了良好的条件，而土壤动物本身又加速了有机质的分解（尤其是新鲜有机质的分解）。进一步改善土壤通透性，为土壤微生物和植物生长创造了良好的环境条件。

土壤腐殖质是一种胶体，有着巨大的比表面和表面能，腐殖质胶体以带负电荷为主，从而可吸附土壤溶液中的交换性阳离子如 K^+、NH_4^+、Ca^{2+}、Mg^{2+} 等，一方面可避免随水流失，另一方面又能被交换下来供植物吸收利用。其保肥性能非常显著。土壤腐殖质和黏土矿物一样，具有较强的吸附能力，但单位质量腐殖质保存阳离子养分的能力比黏土矿物大几倍至几十倍，因此，土壤有机质具有巨大的保肥能力，可以认为有机质含量的高低和强大的吸附特性决定了有效养分的最大持有限度。腐殖酸本身是一种弱酸，腐殖酸和其盐类可构成缓冲体系，缓冲土壤溶液中 H^+ 浓度变化，使土壤具有一定的缓冲能力。更重要的是腐殖质是一种胶体，具有较强的吸附性能和较高的阳离子交换能力，因此，使土壤具有较强的缓冲性能。

有机质具有活化磷的作用，土壤中的磷一般不以有效态存在，常以迟效态和缓效态存在。因此土壤中磷的有效性低。土壤有机质具有与难溶性的磷反应的特性，可增加磷的溶解度，从而提高土壤中磷的有效性和提高磷肥的利用效率。

此外，土壤腐殖酸被证明是一类生理活性物质，它能加速种子萌发，增强根系活力，促进植物生长，对土壤微生物而言，腐殖酸也是一种促进生长发育的生理活性物质。

土壤有机质就是为作物生长发育提供养分的仓库，它是土壤养分中的大家族。是判断土壤肥力的重要指标之一。所以，有机质在土壤中的地位是无比重要的。然而土壤有机质在自然状态下会矿化，会降解，会损失，如果不加以补充，就会逐渐减少。自然土壤几百万年甚至几亿年漫长岁月里，由于生态系统生物链的循环积累，总体上有机质含量呈上升趋势，除非有大的自然灾害导致生物大灭绝可能会引起一段时期的下降。然而自从农业文明发展以来，人们建立了农田生态系统，这一状况随着农田面积的扩大，土壤有机质含量开始呈下降趋势。李比希提出矿质营养学说和养分归还学说，提出矿质营养的归还，他是指对作物吸收并转移走的矿质营养加以归还，虽然强调农家肥和排泄物的归还，仍然是基于为作物吸收全面的营养物质而进行的归还。作为今天对土壤的重新认识，土壤是充满生命体的类生命体，它也需要充足的营养，才能为我们种植的作物提供充足的营养，有机质就是土壤的重要营养。所以当今的农业生产应该把土壤作为被营养的对象，把土壤的营养有机质作为重要的土壤养分加以归还，保持土壤的营养丰富才能保证农田的生产力持续提高。

一头奶牛要获得较多的产奶量，必需饲喂充足的饲料，然而喂牛的工人如果出于某种不可告人的目的，在喂牛的时候总是克扣几斤饲料，那么你的奶牛还会产出更多的牛奶吗？土壤在耕作过程中，有机质如果不能得到及时的补充，那么就会和克扣饲料一样，奶牛会变得越来越瘦，所不同的是你可能很快就会发现奶牛瘦了，但土壤可能被发现就会晚得多，十几年甚至几十年，乃至上百年才会被发现。而奶牛如果营养跟上去很快就会恢复产奶量。而我们的土壤如果经过几十年或上百年发现问题，是相当麻烦，要恢复生产力可能也需要几十年或上百年，甚至是无法恢复。为了农业可持续发展，土壤有机质需要保持和提升。

土壤有机质的保持和提升有几个途径：一是通过各种农业措施，包括施用化肥，增加生物产量，并尽可能多地将能归还给土壤的生物残体归还给土壤，力求秸秆全量还田，秸秆还田是直接为土壤增加有机物，要改变在田间焚烧秸秆的习惯；二是增加有机肥用量，实行有机肥料和无机肥料相配合，不断增加无害有机物保留在土壤中的数量；三是通过一系列农业措施减少土壤有机质的消耗。例如，采取少耕、免耕、覆盖等措施，其目的就是减少和控制土壤氧气的供应，削弱微生物对有机质的分解活动，覆盖则可以减少土壤水土流失和风蚀对土壤的破坏；四是减少化肥使用量。由于化肥的施用，打破了有机肥的封闭循环系统，给这个系统添加了正能量，使粮食产量有了大幅提升，但是把化肥过分当成"优秀药剂"，并且违背自然规律，不注重耕地地力基础而依靠增加化肥用量盲目追求高产超高产的现象则会严重破坏土壤有机质而影响基础生产力，众所周知化肥就是无机盐，过量施用化肥导致土壤溶液盐浓度过高，直接破坏土壤有机质的化学键，导致有机质化学分解，高浓度的盐溶液直接杀死土壤中部分生物，也会导致土壤有机质含量下降，所以在追求合理产量的前提下减少化肥用量也是保护土壤有机质的措施之一。五是减少农药应用。目前农业生产上所用的大部分农药，在一定程度上具有杀灭土壤大量生物的杀伤力，因此减少农药用量就是在保护土壤微生物，土壤微生物既是有机物的组成部分，也是产生有机物的生产者，减少农药使用也是保持土壤有机质不下降的重要措施。

第二节　最小养分律

李比希对于科学施肥的第三大理论贡献，就是提出了最小养分律。"在任何情况下，栽培植物是否对土壤造成了耗竭，取决于土壤与根系接触的部位是否缺乏一种或多种营养物质。如这个部位土壤缺乏物理结合态的磷酸，尽管该土壤含有丰富的有效钾和硅酸，它却不再适合该种植物的生长。尽管磷酸和硅酸含量丰富，但缺乏钾也会产生同样的结果。同理，如果钾和磷酸含量丰富，缺乏硅酸、钙、镁或铁的结果也是一样的"，认为作物产量的高低决定于最小，也就是最缺乏的营养因子。如果这个营养因子得不到满足，尽管其他因子充足，作物产量也不可能提高，这就是通常所说的"短板效应"或"木桶效应"，也叫最小养分律（图2-6）。

桶内的水平面代表作物产量水平，氮是限制因素，即使其他元素都很充足作物产量不会高于氮所控制的水平。当加入氮，作物产量提高，直至第二限制因素限制的水平。

同时，李比希还认识到除了营养因子在数量上存在短板效应，还认识到养分有效性也可能会带来短板效应，"如果一块土地的耗竭不是由于养分元素的绝对缺乏造成的，土壤中甚至含有足够多的必需营养物质，但却没有适当的养分形态，农民可以利用休耕，使这种土地重新获得有回报的作物产量。"

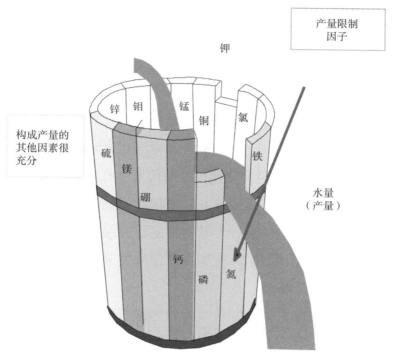

图 2-6　限制因素原理示意图

　　"木桶效应"也叫"木桶原理"比较好理解，也非常容易被大家接受，现在的种植者都非常关心自己的耕地缺什么营养元素，认为把缺少的营养元素补上，就能够获得较好的产量。的确是这样的，比如土壤缺少有效的硼元素，施用上硼肥就能够获得非常好的增产效应，如果耕地缺少有效的锌元素，那么施用锌肥就能获得较好的增产效应。所以对于很多微量元素应用"木桶原理"的做法是比较简单的，做简单的应用某个微量元素的对比试验，只要增产，那就可以判断缺少，如果不增产那就判断不缺少。

　　建立硼肥的养分丰缺指标就是通过这种方式进行的，在一个生态区域或一种土壤类型上，一般确定十几个试验点，利用 3 ～ 5 年时间开展喷施硼肥施用的对比试验，把产量变化情况记录在案，将每个试验点未施用硼肥的试验区土壤进行有效硼养分检测，把产量变化与土壤有效硼养分之间建立相关性曲线，（纵坐标是产量变化，横坐标是土壤有效硼含量），就会发现，有效硼含量低的试验点，施用硼肥增产效果明显，而有效硼含量高的试验点，施用硼肥有产量下降趋势，产量变化和土壤有效硼含量的相关曲线会随着土壤有效硼含量的增加而下降，逐步接近横向坐标轴，当与横向坐标轴相交时，说明增产幅度是0，施用硼肥所产生的产量变化接近 0 时的土壤有效硼含量就是施用硼肥和不施用硼肥的临界点，也是判断土壤有效硼含量丰与缺的临界点指标，这样土壤的有效硼养分丰缺指标就建立起来了，那么缺硼就施用硼肥，丰富就不施用硼肥。土壤速效锌的养分丰缺指标也是同样的建立方法。

图 2-7 是通过在玉米上开展喷施硼肥试验建立的玉米施用硼肥产量变化与土壤有效硼含量相关方程图，曲线与横坐标相交点是有效硼含量 0.35mg/kg，可以判断高于 0.35mg/kg 就是丰富，低于 0.35mg/kg 就是缺乏，当土壤有效硼含量低于 0.3mg/kg 时施用硼肥增产明显，增产超过 10%，当土壤有效硼含量高于 0.4mg/kg 时施用硼肥则减产明显，减产 10% ~ 20%，这对硼肥的销售人员来说可是个坏消息，绝对增加了推广难度。所以对于硼肥的科学应用，测土化验就显得十分有意义了。

土壤速效锌的丰缺临界点是 1.35mg/kg，当土壤速效锌含量小于 1.35mg/kg 时施用锌肥玉米有增产作用，当土壤速效锌含量高于1.35mg/kg 时，施用锌肥则存在减产风险，在合理用量范围内，减产幅度不大，这对锌肥的销售人员来说可能是个好消息，最起码推广起来相对比销售硼肥更安全（图 2-8）。

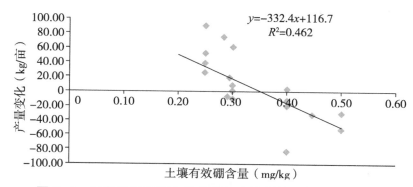

图 2-7　玉米施用硼肥产量变化与土壤有效硼含量相关方程

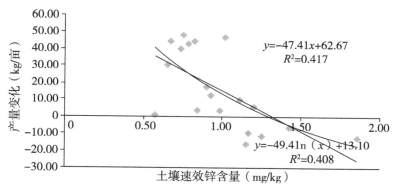

图 2-8　土壤速效锌含量与玉米施用锌肥产量变化相关方程

这里面非常值得一提的是，在硼肥试验中，为什么高含量土壤上进行硼肥试验产量下降很大，甚至减产 10% ～ 20%，如果因为人为造成大面积减产 10% ～ 20%，绝对可以认定为生产事故。在信息技术发达的今天，硼元素已经是农业生产者比较熟悉的一种微量元素，硼肥对作物的影响就非常典型，当作物缺硼的时候会影响花粉育性，比如花粉管无法正常生长导致作物无法受精，所以缺硼会花而不实，缺硼还会导致果实畸形，发育不良，产量下降。只要你在手机上搜索一下，这样的广告宣传一定会如潮水一般蜂拥而至，后面有大量的硼肥推销人员在等你下单。但是通过硼肥试验我们知道，如果盲目应用硼肥，在土壤有效硼含量较高的土壤上风险是很大的，当造成减产以后，那些推销人员会举一百个增产的例子证明产品好用，会给你找一百个减产的理由，来说明你的减产和他的产品无关。但施用硼肥带来的减产绝对可以说明一个问题，就是当植物摄取了过量的硼元素就会成为生长和产量的限制因子。

身边就有一位种果树的勤劳农民，他经常在快手和抖音上刷促进果树增产的视频，就在去年6月他喷了一遍叶面肥，这次他喷的种类多达5种，喷的数量都按上限，包装说明书里都标有硼元素，而且还含有其他铁、锰、锌、钙、镁等，按他自己的说法就是，都给用足，不能有短板。从他这个说法来看，他掌握了"木桶效应—最小养分律"，而且知道短板限制产量。然而喷完叶面肥一周左右，发现出问题了，整个果园出现了叶片黄化，出现金边叶，典型的硼中毒症状，这些金边叶持续1个多月，新叶生长也受到影响，果实产量下降很多。

由此看来，对"木桶效应"我们必出重新审视，那么从施肥的角度，缺少某种营养元素会限制产量的提高，那么某种营养元素的过量同样也会限制产量的提高，过量也会成为短板。过量的短板可能不太容易发现，目前来看大多数人对于缺少营养元素的认识都非常清晰，但对于过量的营养元素带来的风险还没有足够的重视，目前种植者绝大部分都会问耕地缺少啥元素啊，很少遇到哪个种植者咨询耕地哪种营养元素过剩，除非存在较严重的容易发现的污染源已经引起灾害，他才会问土壤里是不是存在有害物质啊，通常也不会想到营养过剩引起的毒害。

"木桶效应"的应用是十分广泛的，在经济发展领域补短板，可以促进经济发展，在生产管理领域补短板可以提高工作效率。在农业生产领域同样具有深远的应用价值，需要记住的是"产量的高低不是取决于哪一项做得更好，而是取决于哪一项没做好"。而没做好的项除了没做足，还有就是做过了也是没做好，过犹不及也可能成为短板，比如硼肥用量过大就有可能成为没做好的项目，氮肥尿素用量过大造成减产的事情也是时有发生的，还有其他种种做过头的事情，只是人们似乎对努力做过头的人和事情从情感上总愿意原谅，因为从出发点和目的上来说会觉得正确，但是最终造成的损失结果可能是一样的，也有可能损失会更大，后果有可能更严重。

最小养分定律指出产量高低受作物最感缺乏的养分制约，在一定程度上产量随这种养分的增减而变化。在施肥实践中应掌握以下几点：一是最小养分是指土壤中相对含量最少，不是土壤中绝对含量最少的那种养分；二是最小养分不能用其他养分代替，即使其他养分增加再多，也不能提高产量；三是最小养分是变化的，它是随作物产量水平和化肥供应数量而变的；四是最小养分不是单一的作用，也必须同时改善影响作物生育的其他因素和其他营养元素。

最小养分也会随着生产发展发生变化，我国在 20 世纪 50 年代氮素最感不足，氮素供应成为最明显的短板，施用氮肥作物产量迅速提高；60 年代磷素不足成了增产的限制因素，施用磷肥作物明显增产；70 年代我国南方缺钾的问题又突出表现出来；80 年代在某些地区和地块，锌、硼、锰等微量元素成了最小养分，所以，要用发展的观点来认识最小养分律，抓住不同时期、不同作物、不同地点的主要矛盾，决定施用什么肥料。但是，随着农业生产的发展，土壤往往从一种发展到多种养分不足，在增施土壤中最小养分时，还要同时施用土壤中其他不足的养分，甚至改善影响作物生育的其他因素，化肥的肥效才能充分发挥。

然而当前，需要关注的是过量施用某种营养元素带来的短板。比如过量施用氮磷钾就有可能造成新的短板。比如施用过多的氮磷钾化肥对作物至少具有以下直接危害，一是过量施用氮肥时，很容易造成土壤溶液浓度过高，渗透阻力增大，导致作物根系吸水困难，甚至发生细胞脱水现象，初时叶片萎蔫，继而叶片枯黄死亡，农民直观地称为"烧苗"，影响生长或直接杀死幼苗，从而使产量下降；二是过量施用氮肥时，农作物吸收大量的氮元素，叶片将会过于肥大，植株间郁闭，致使通风透光能力降低，导致农作物群体的光能利用率下降，农作物的呼吸旺盛，会提高光合产物的消耗，降低干物质积累，导致产量下降；三是施用过多的氮肥，会造成农作物的细胞壁变薄，组织变得柔弱，造成作物茎蔓变粗，叶片变大且薄，比较容易折断，作物的抗逆能力降低，容易遭受冻害影响，还极易被病虫害为害，比如水稻的稻瘟病等；四是过量的施用氮肥，会降低磷、钾以及微量元素的吸收，导致花芽分化率下降，营养生长出现过剩，贪青晚熟，造成果实成熟变慢，颜色出现不正，产生畸形果，坐果率低或不坐果；五是过量施用氮肥时，不仅在施用碳酸氢铵时容易产生氨气毒害，而且在施用尿素时也可能发生氨气的毒害。当空气中氨浓度达到 5mg/kg 时，就会造成叶片伤害，当浓度达到 40mg/kg 时，氨就会使叶肉组织坏死，叶绿素解体，叶脉间出现褐色斑点或块状；六是过量施磷肥，作物会从土壤中吸收过多的磷素营养，促使作物呼吸作用过于旺盛，消耗的干物质大于积累的干物质，造成繁殖器官提前发育，引起作物过早成熟，籽粒小，产量低，也就是人们常说的早衰；七是过量施磷肥，会使土壤里的锌与过量的磷作用，产生作物无法吸收的磷酸锌沉淀，造成锌的有效性降低，进而影响作物对锌的吸收。使作物出现明显的缺锌症状；八是过量施磷肥，会使作物得磷失硅，过量施用磷肥后，还会造成土壤中的硅被固定，不能被作物吸收，引起缺硅，尤其是对喜硅的禾本科作物的影响更大，如水稻，若不能从土壤中吸收到较多的硅元素就会发生茎秆纤细，倒伏及抗病能力差等缺硅症状；九是过量施磷肥，会使作物得磷缺钼，适量施用磷肥会促进作物对钼的吸收，而过量施用磷肥，会导致磷和钼失去平衡，影响作物对钼的吸收，表现出"缺钼症"；十是过量施钾会造成作物对钙、镁等阳离子的吸收量下降，导致作物缺钙，缺镁症状发生，比如造成叶菜"腐心病"、苹果"苦痘病"等；十一是过量施用钾肥，还会对农作物的氮素吸收受到影响，生长受到阻碍，导致作物容易出现倒伏等症状；十二是钾肥过量导致土壤溶液盐浓度过高，直接影响种子发芽和根系生长，导致出苗不齐，生长受阻。

　　所以我们现在的农业生产，在研究木桶效应的时候，除了研究缺少营养元素形成的短板，还必须警惕由于过量施肥而形成的新短板。

第三节　肥料效应报酬递减律与最大产量施肥量

指导科学施肥的第三条原理就是肥料效应报酬递减律。

20 世纪初德国学者米采利希（E.A.Mitscherlich）等人，深入地探讨了施肥量与产量之间的关系并发现：①在其他技术条件相对稳定的前提下，随着施肥量的渐次增加，作物产量也随之增加，但作物的增产量却随施肥量的增加而呈递减趋势，即与报酬递减规律吻合；②如果一切条件都符合理想的话，作物将会产生出某种最高产量；相反，只要有任何某种主要因素缺乏时，产量便会相应地减少。米采利希学说的文字表达是：只增加某种养分单位量（dx）时，引起产量增加的数量（dy），是以该种养分供应充足时达到的最大产量（A）与现在的产量（y）之差成正比。米采利希的学说反映了肥料投入与产品的客观存在规律性，使得肥料的施用由过去的经验性进入了定量化的境界，可避免盲目施肥，提高肥料的利用效率，发挥其最大的经济效益。因此，它成为现代科学施肥的基本理论之一。

我经常给农民讲课，讲到报酬递减律的时候，如果按课本上讲，他们根本就不知道说的是什么，所以得举简单的而且是非常理想的例子，"我们施肥的时候，施用 1kg 化肥，带来增产 25kg 粮食，施用 2kg

化肥，这个第二个 1kg 化肥带来的增产是 20kg 粮食，一共增产了 45kg 粮食，当我们施用 3kg 化肥的时候，第三个 1kg 化肥带来的粮食增产是 15kg，这个第二个 1kg 比第一个 1kg 所带来的增产降低了 5kg 粮食，第三个 1kg 化肥比第二个 1kg 化肥带来的增产又减少了 5kg 粮食，也就是说随着化肥用量的增加，每增加的 1kg 化肥所带来的增产是随着肥料用量的增加而减少的，这个就是报酬递减律。就像是第一个苹果可以卖 5 块钱，第二个苹果可以卖 4 块钱，而第三个苹果卖 3 块钱，第四个苹果卖 2 块钱，我们的所得到的回报随着苹果的卖出在逐渐减少。"说到这里，农民也就明白这个报酬递减律了，然后再接着启发一下"那么当我们按照这个规律再继续增加施肥量，当施肥量增加到 4kg 的时候，第四个 1kg 化肥带来的增产会是多少呢？"有的农民就会小声嘀咕"10kg"，"对，是增产 10kg，我们继续，如果化肥用量达到 5kg 的时候，第五个 1kg 增产多少呢，那就是增产 5kg 的粮食，再继续呢，当化肥用量是 6kg 的时候，第六个 1kg 化肥增产是多少呢？"这时候可能就没人吱声了。"第六个 1kg 化肥增产是 0，那么第七个 1kg 增产粮食是多少呢？就是 –5kg，也就是这个 1kg 开始导致减产了"，"我们需要思考的是，最大产量的施肥量应该是多少呢？最大产量施肥量一定是在第六个 1kg 里面，增产是 0 的那个点就是最大产量施肥量，理想状态下第六个 1kg 应该是有 0.5kg 处于增产的状态，还有 0.5kg 是处于减产的状态，最大产量施肥量就是第六个 1kg 里面的 5.5kg 那个点"这时候再把试验所得到的二项式曲线图亮出来。再把计算最大产量施肥量的公式亮出来（图 2-9）。

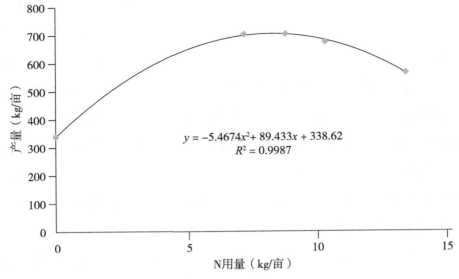

图 2-9 试验点 1 氮肥用量与产量相关性分析

最大产量施肥量 =-b/（2×a）=-89.43/（-5.467×2）=8.18（kg/ 亩）

式中，a 为二项式中二次项的系数（为负数）=-5.467；b 为二项式中一次项的系数 =89.43。

生产上的施肥指标就是这样做出来的。在试验地进行肥料试验，在没有其他因素限制的情况下，开展一种营养元素的不同的量级试验，比如氮肥设置 4 个或 4 个以上的处理，包括不施肥的处理、少量施肥的处理、认为适合的施肥量处理和较多施肥量的处理，如果对所认为的合适的施肥量没有数量标准，那就需要增加 1 个到 2 个的施肥量级，以保证试验得到的最大产量施肥量能够在所试验量级范围内，并且不超过试验的最大施肥量级。最终试验结果是得到一系列与施肥量相对应的产量数据，通过 Microsoft Excel 电子表格作散点图，添加二项式趋势线，并显示相关曲线和显示公式，就得到了施肥用量与产量相关分析图，和产量与施肥量之间的一元二次方程 $Y=aX^2+bX+c$，根据所显示的产量与施肥量的方程数据就可以计算出最大产量施肥量，计算公式如下。

最大产量施肥量 =-b/（2×a）

式中，a 为二项式中二次项的系数（为负数）；b 为二项式中一次项的系数。

这是一个试验点的最大产量施肥量，我们可以在某一个生态区域的不同地点分几年开展十几个或几十个类似的试验，就可以获得该区域的不同属性地块的最大产量施肥量数据，将试验地块的最大产量施肥量与土壤属性数据进行相关分析，就可以对不同属性地块进行分类指导，比如不同地块土壤全氮（或碱解氮）含量与对应地块最大产量施肥量进行相关性分析，就会获得全氮（或碱解氮）含量指导施肥的施肥函数，从而建立土壤氮肥的施肥指标体系（图 2-10，图 2-11）。

根据土壤养分分级分界点，将分界点的养分数据带入施肥函数，就获得养分丰缺指标对应的施肥量。

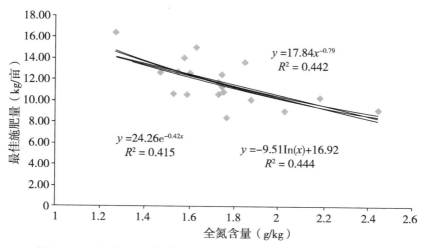

图 2-10　北兴农场最大产量施氮量与土壤全氮含量相关方程

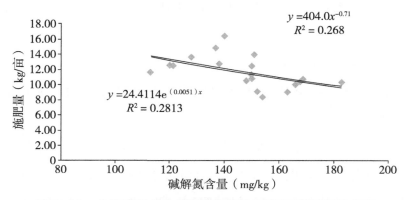

$$y = 404.0x^{-0.71}$$
$$R^2 = 0.268$$

$$y = 24.4114e^{(0.0051)x}$$
$$R^2 = 0.2813$$

图 2-11　北兴农场最大产量施氮量与碱解氮含量相关方程

　　全氮、碱解氮对氮肥科学用量的影响都非常显著，但二者存在一定的差异，二者得到的两套施肥指标必须科学地有效结合，才能获得可靠的施肥指导，在测土配方施肥建立施肥指标时，发现土壤全氮与最大产量施肥量的相关系数都高于碱解氮与最大产量施肥量的相关系数，这也说明了全氮对科学施肥的影响效应大于碱解氮的影响效应，所以指导施肥时对二者进行统一处理，采用了施肥量 =（全氮获得的施肥量 ×2+ 碱解氮获得的施肥量）÷3，增加了土壤全氮的指导权重，从而提高指导的科学性（表 2-1）。

表 2-1　单因素试验建立北兴农场测土配方施肥玉米氮肥施肥指标

序号	全氮养分分级	土壤养分分级含量（g/kg）	对应最经济施肥量（kg/ 亩）	对应最大产量施肥量（kg/ 亩）
1	极低	<1.5	≥ 12.1	≥ 12.7
2	低	1.5 ～ 2.0	9.4 ～ 12.1	9.7 ～ 12.7
3	中	2.0 ～ 2.5	7.5 ～ 9.4	7.6 ～ 9.7
4	高	2.5 ～ 3.0	6.1 ～ 7.5	6.1 ～ 7.6
5	极高	>3.0	<6.1	<6.1

续表

序号	碱解氮养分分级	土壤养分分级含量 （mg/kg）	对应最经济施肥量 （kg/亩）	对应最大产量施肥量 （kg/亩）
1	极低	<110	≥ 14.7	≥ 15.5
2	低	110 ～ 140	12.1 ～ 14.7	12.6 ～ 15.5
3	中	140 ～ 170	10.1 ～ 12.1	10.7 ～ 12.6
4	高	170 ～ 200	8.6 ～ 10.1	9.2 ～ 10.7
5	极高	>200	<8.6	<9.2

　　采用同样的试验方法，也可以建立土壤速效钾含量对钾肥施用指导的施肥指标体系及土壤有效磷含量对磷肥施用进行指导的施肥指标体系（表 2-2，表 2-3）。

表 2-2　单因素试验建立北兴农场测土配方施肥玉米钾肥施肥指标

序号	土壤养分分级	土壤养分分级含量 （mg/kg）	最经济施肥量 （kg/亩）	最大产量施肥量 （kg/亩）
1	极低	<100	≥ 5.8	≥ 5.9
2	低	100 ～ 140	4.3 ～ 5.8	4.5 ～ 5.9
3	中	140 ～ 180	2.7 ～ 4.3	3.0 ～ 4.5
4	高	180 ～ 220	1.2 ～ 2.7	1.6 ～ 3.0
5	极高	>220	<1.2	<1.6

表 2-3　单因素肥料试验获得北兴农场测土配方施肥玉米磷肥施肥指标

序号	土壤养分分级	土壤养分分级含量 （mg/kg）	对应最经济施肥量 （kg/亩）	最大产量施肥量 （kg/亩）
1	极低	<10	≥ 4.65	≥ 4.73
2	低	10 ～ 17	4.0 ～ 4.65	4.1 ～ 4.73
3	中	17 ～ 24	3.5 ～ 4.0	3.7 ～ 4.1
4	高	24 ～ 30	3.1 ～ 3.5	3.3 ～ 3.7
5	极高	>30	<3.1	<3.3

最大产量施肥量意味着施肥量不能再继续增加了，一旦增加，就会导致产量下降。所以最大产量施肥量应该成为施肥指导不能逾越的红线，我和农民半开玩笑地说："不能超过最大产量施肥量啊，千万不能超过，不只是你多花了多少钱的问题，而是你多用化肥导致威胁国家粮食安全了！"

我们需要注意一个问题，通过报酬递减律所获得的施肥指标与养分归还学说所指出的应该归还的量是有所不同的。这个应该如何统一，是值得研究和探讨的。

北兴农场玉米在 550kg/ 亩产量水平下籽粒＋秸秆 K_2O 养分吸收量 11.34kg/ 亩，钾肥的最大产量施肥量在 1.6 ～ 5.9kg，也就是说如果我们把籽粒和秸秆全部转移走，从养分归还的角度需要施用 11.34kg K_2O，但通过田间试验，即使是有些缺钾的地块施用化肥 K_2O 亩用量也不能超过 5 ～ 6kg，按照施肥指标体系，速效钾含量高的地块钾肥 K_2O 亩用量不能超过 2kg，要解决这一矛盾的唯一办法就是不能把作物吸收的都拿走，经过研究秸秆 K_2O 养分吸收量 8.75kg/ 亩，籽粒 K_2O 养分吸收量 2.59kg/ 亩，那么只要秸秆进行全量还田，籽粒收获转移走 K_2O 养分 2.59 kg/ 亩，从测土配方施肥建立的施肥指标体系来看，施肥量就能够满足归还的需要，而且在有很多地块都能够有所剩余。在不考虑养分随水流失的情况下，指导施肥量与籽粒转移量达到平衡的土壤速效钾含量是 180 mg/kg 左右，也就是说当土壤速效钾含量较高的时候，我们指导 K_2O 施用量是可以和养分归还需求相统一的，对于钾元素较低的地块，通过测土配方施肥指导增加钾肥用量并进行秸秆还田，是可以增加土壤速效钾含量的。

玉米在当前产量水平下籽粒＋秸秆 P_2O_5 养分吸收量 5.29kg/ 亩，其中籽粒的 P_2O_5 吸收量为 3.48 kg/ 亩，茎叶养分吸收量为 1.81kg/ 亩。

秸秆进行还田，籽粒收获转移走 P_2O_5 养分 3.48 kg/ 亩，在不考虑养分损失的前提下，从测土配方施肥建立的施肥指标体系来看，施肥量与转移量达到平衡的土壤养分含量是 25mg/kg，也就是说当土壤有效磷含量为 25 mg/kg 时，我们的最佳 P_2O_5 施用量为 3.48 kg/ 亩，这时我们的施肥量与养分归还需求相统一，同样对于有效磷含量较低的地块，通过测土配方施肥指导增加磷肥用量并进行秸秆还田，是可以增加土壤有效磷含量的。

　　玉米在当前产量水平下籽粒 + 秸秆 N 养分吸收量 8.48kg/ 亩，其中籽粒的 N 吸收量为 5.73 kg/ 亩，茎叶养分吸收量为 2.75kg/ 亩。秸秆进行还田，籽粒收获转移走 N 养分 5.73kg/ 亩，从测土配方施肥建立的施肥指标体系来看，施肥量与转移量是没有平衡点的，施肥量远大于籽粒转移量，即使将秸秆的吸收量也加上，施肥量也是大于籽粒加秸秆的吸收量的，如果土壤没有与环境进行氮素交换，那么土壤中的氮素应该是增加的，而事实上氮素是在下降，用"新陈代谢"来说明土壤氮素变化，就是异化大于同化，而使含量降低。值得注意的是氮肥的科学用量还是随着土壤氮素的提升呈下降趋势的，那么我们如果能够通过某种科技手段提升土壤氮素含量，是可以创造出某个平衡点的；另外我们也可以通过科技创新研究新型肥料，在较低的 N 用量就可以获得最大产量也是创造平衡点的一个思路；通过生物手段提高肥料利用效率也是一个方案；通过现代育种技术使作物获得更多的产量，吸收更多的营养元素也可以创造新的平衡点。

　　总之需要想出一些办法和技术，既减少化肥用量还能保证粮食产量持续提高。

第四节　肥料效应报酬递减律与最佳施肥量

　　报酬递减律原是以经济定律提出的，这一定律是 18 世纪和 19 世纪由西欧古典经济学家（安·罗·杜尔哥、托·罗·马尔萨斯、大卫·李嘉图、L·M.沃拉斯、维·帕雷托以及其他人）提出的。它反映了在技术条件不变的情况下投入和产出的关系。首先见之于农业问题的讨论。后来扩展到所有生产部门。这一经济学上的基本法则广泛应用于工业、农业及畜牧业等各个生产领域。它的中心意思是："从一定土地上所得到的报酬，随着向该土地投入的劳动和资本量增大而有所增加，但随着投入的单位劳动和资本的增加，报酬的增加却在逐渐减少。"可以看出报酬递减律最初就是研究投入多少钱能获得多少经济回报的规律，那么在化肥应用上研究最多的也是经济施肥量，也就是施用多少化肥能获得最大的经济效益。目前多数人认为经济施肥量就是最佳施肥量。

　　很多研究经济的人员可能不知道报酬递减律在指导施肥方面的应用，当然也有很多研究科学施肥的人不知道肥料效应报酬递减律是来自于经济规律研究。有一次我和一个财务人员聊天，他问我："看你们做 3414 试验，到底研究的是啥？"因为做 3414 肥料试验花费了较多的资金，当然会引起财务人员的注意。我给他的解释是："氮、磷、钾

3 种肥料，每种肥料设计 4 个施肥量，构成 14 个组合，通过田间试验获得适合的施肥量和施肥配方"，说到这里他还是有点茫然，我补充了一句："通过肥料效应报酬递减律计算出施用肥料的边际效益。"他眼前一亮："你们也研究边际效益啊！"立时就有了共同话题。从那以后和财务人员之间的关系也增进了不少，在支取试验经费的时候也就有了更多的理解和支持。

给财务人员讲边际效益，只是说出名词，他一下就懂了，但在给农民讲边际效益的时候，就得按另一种说法。"我们用 1 块钱的化肥生产出 10 块钱的粮食，我们就赚了 9 块钱，这个买卖很划算，对于化肥的投入客观上存在报酬递减律，那么我们再投入一块钱时，这 1 块钱只能换回 9 块钱了，由此推断，随着投入量的增加，回报必然会达到某一个点，就是我们投入 1 块钱的化肥换回来 1 块钱的粮食，在这个点上我们得到的效益就是 0，而再继续投入的时候，一块钱的化肥只能换回 0.5 元粮食的时候，从经济的角度就亏本了，但这时候粮食的产量是还在增加的。也就是说投入 1 块钱换回 1 块钱的那个点就是赚钱与赔本的临界点，也就是最经济施肥量。"经济施肥量的计算公式如下。

经济施肥量 = ($P_{化肥}$/$P_{粮食}$－b)/（2a）

式中，$P_{化肥}$为化肥价格；$P_{粮食}$为粮食价格；a 为二项式中二次项的系数（为负数）；b 为二项式中一次项的系数。

与最大产量施肥量的计算公式对比，经济施肥量的公式涉及化肥的价格和粮食的价格。讲课的时候挖一个小坑"凭我们的想象，当我们的粮食价格很高，而化肥很便宜的时候，化肥便宜的几乎不花钱，那么我们应该施用多少化肥呢？"事实上大家都听出了是个小坑，没人吱声，"反正化肥不花钱，那就多用呗！"自己的坑自己填，"通过报酬递减律大家都知道，我们还有一个最大产量施肥量挡着呢，当超过最大产量施肥量的时候，增加化肥投入就会减产，那么贵的粮食在减少，经济效益一定是下降的。所以当化肥很便宜，粮食价格很高的时候，经济施肥量是接近于最大产量施肥量的，从公式上分析，这个时候的"$P_{化肥}/P_{粮食}$"是接近于 0 的。当化肥的价格很高，而粮食的价格很便宜的时候，经济施肥量是多少呢，那一定是接近 0 或等于 0 的数，当"$P_{化肥}/P_{粮食}=b$"的时候，也就是化肥的价格与粮食的价格比值大于等于二项式中一次项系数的时候，经济施肥量为 0。"

由此我们获得了两个用于指导施肥的指标，第一个是最大产量施肥量指标，即产量指标；第二个是最经济施肥量指标，即经济指标。化肥的效应遵循报酬递减律，也就是每增加 1kg 化肥，这 1kg 化肥增加的粮食产量比上一个 1kg 增加的粮食产量要少，当我们增加化肥使产量不再增加时，这时的施肥量就是最大产量施肥量。也就是人们最常关心的施多少肥产量最高。这一标准适用于化肥廉价而粮食短缺的年代，如果施用化肥没有成本，当然是产量最高的就是最好的施肥方案。而最经济施肥量，考虑的是经济收益，而不单纯考虑粮食产量。仍然是遵循报酬递减规律，每多投入 1 元钱，换回的收益比上一个 1 元钱换回的收益要小，当我们增加投入的 1 元钱只能换回 1 元钱的时候，我们就不能再继续增加投入了，因为再增加 1 元投入换回来的收益就会小于 1 元。比如我们已经施用化肥 30kg，玉米产量是 600kg，当我们施用 31kg 化肥，玉米产量是 602kg，这 1kg 化肥价值 3.2 元，而这 2kg 的玉米正好也是 3.2 元。那么我们多施的这 1kg 化肥就是失去了经济意义。按照报酬递减规律推算，施肥 32kg 的时候，产量必然低于 604kg，那么再多投入的 1kg 化肥在经济上就出现了亏损。

而经济施肥量确实是最佳施肥量么？说到最佳，可能还要考虑其他因素，比如施肥对生态环境的影响，由此我们还要深入研究一下生态指标。研究经济指标的时候引入了化肥的经济成本，那么研究生态指标的时候可能引入施肥对生态的不良影响而形成的生态成本是一个研究思路。指标的制作方法可以借鉴参考经济指标的制作方法，公式中把化肥的经济成本换成化肥的生态成本，从定量应用的角度可能生态成本用经济成本加以衡量更具有实际应用意义。

生态施肥量 =（$P_{生态}/P_{粮食} - b$）/（2a）

式中，$P_{生态}$为化肥的生态成本价值；$P_{粮食}$为粮食价值；a 为二项式中二次项的系数（为负数）；b 为二项式中一次项的系数。

和经济施肥量一样的分析方法，当（$P_{生态}/P_{粮食} - b$）大于等于 0 的时候，就需要禁止施用化肥。我们的生产活动从本质上说，是为了人类生存得更好，通过施用化肥使人类吃饱穿暖，创造更多的使用价值，使人类生存质量更高。但如果生产活动造成人类生存的生态环境变得更恶劣，就必须重新审视并做出选择，到底是要更多的粮食，还是需要更好的生态环境，到底是粮食更有价值还是生态环境更有价值，这在不同的历史阶段一定有不同的答案，无论是哪种答案，都是必须经过理性思考以后才能做出选择。所以分析生态施肥量 =（$P_{生态}/P_{粮食} - b$）/（2a），引入生态成本"$P_{生态}$"并充分认识其重要性的意义是十分必要的。

在粮食短缺的年代，粮食是第一生命保障线，那么"$P_{粮食}$"的价值就会升高很多，在一定条件下"$P_{生态}$"是稳定的，"$P_{生态}/P_{粮食}$"就会相对变小。但当粮食相对富足，饥荒已经成为过去时的时候，生存环境的价值就需要被重视起来，那么多花点钱来改善我们的生存环境也就理所当然了，就好比饿肚子的年代，人们都忙于挣口吃的，不会把旅游、戴钻石手表、开豪华轿车作为最主要的需求，而吃饱穿暖以后，这些追求也就都提上日程。因此"$P_{生态}/P_{粮食}$"在不同的历史阶段是一个动态数值，具有不同的价值和意义，随着历史条件的变迁而发生变化。在生产过程中"$P_{生态}$"本身也是一个动态的数值，比如在土壤缺乏某种营养元素的时候，施用化肥使植物长的更好，产生了较大的生态效益，那么"$P_{生态}$"就有可能成为负成本，"$P_{生态}/P_{粮食}$"成为负数，这样生态指标施肥量有可能会高于最大产量施肥量，那么为了获得更好的生态环境，增加施肥量，在粮食充足的条件下减少一点粮食产量可能也是值得的；同样是施用化肥，如果施用化肥过量，导致"$P_{生态}$"升高，则就会产生生态指标施肥量下降的趋势，"$P_{生态}/P_{粮食}$"也是有一个临界点，就是当"$P_{生态}/P_{粮食}=b$"和"$P_{生态}/P_{粮食}>b$"的时候，就需要禁止使用化肥。研究经济施肥量的时候是到临界点所产生的经济效益是0，而研究生态施肥量到达临界点时考虑的是生态环境遭到破坏，人类生存质量和生存安全受到一定程度的威胁，这种威胁程度应该迫使人们做出减少粮食生产的选择。之所以说价值而不说价格，是从人们的需求出发便于对粮食重要性和生态环境重要性加以比较，目前市场可以根据粮食供求规律给定出价格，而生态环境目前还没有一种机制可以定出具体的确定的价格，所以只能从需求角度进行比较哪一种更迫切。

如果过分强调准确的经济学分析，可能会导致判断事情的时候只考虑它的即时可兑现的价值，就像盗贼撬走铁轨、小偷挖走埋在地下的铜电缆、恶棍从停放的车上偷取轮胎、伐木公司通过砍伐整片森林以获取经济利益一样。而我们应当坚持的标准是看重其存在的内在价值和长远利益。当一个东西在发挥作用的时候，它值多少钱呢？对这个我们很难得出准确的数值，但有个估计值也就足够了，也就是愿意支付什么样的价格。一个馒头值多少钱呢，就是大众愿意支付的平均价格，当数量充足的时候，价格就会稍低一些，如果食物严重匮乏，则馒头的价值和价格就都会高出许多。但对于自然生态而言，到底值多少钱呢，就连估计值都没有了。例如，一个稳定的气候值多少钱？假如要保持我们现有的这个气候，我们愿意花多少钱，会不会有这样一个数值，一旦达到那个数值、我们会说："不行，那样太贵了！我们还是让气候自生自灭吧。"而这样一个情景下的计算，就不只是金钱上的计算了。肥沃的土壤，我们可能只重视耕地肥沃土壤和瘠薄土壤在地租上存在的差异，但其内在的价值可不只是地租的问题，除了具有生产粮食的能力（地租与粮食生产能力有联系），其在生态功能方面的价值是无法估量的，和稳定的气候一样无法用金钱来衡量。

我们先来分析一下"粮食价值——$P_{粮食}$"的变化，必须明确并不是"粮食价值——$P_{粮食}$"需要被贬低，而是人类社会发展到今天，我们已经基本解决了饥荒问题，农业的发展也到了需要看向其他方向的时候，打造和谐的生态环境，建设宜居的美丽家园。

哈佛大学考古学家史蒂芬·勒布朗（Steven LeBlanc）2003 年写的《持久的战争》（Constant Battles）。勒布朗认为，人类一直以来都在开展着血腥的战争。从狩猎部落到农耕部落到酋长部落，再到早期的复杂文明，通常有 25% 的成年男子是因为战争而丧生。没有人想打仗，但是他们不得不经常面对这样的事实：要么饿死，要么去掠夺自己的邻居。而他们更倾向于彻底地歼灭自己的邻居。在那个年代，大规模的残杀是很常见的，另外，人吃人的现象也很普遍——不是为了仪式，而是为了营养。为了粮食可以付出生命的时候，粮食价值真的是不能用金钱衡量。

饥荒，几千年来一直是人类最大的敌人。历史上记载着有名的饥荒的惨状、在饥饿之下做出的疯狂行径。1615 年，万历四十三年，六月大旱，整整 3 个月没有下一滴雨，民众在饥饿难耐的情况下，历城县、平原县发生了父子相食的事件。在安丘市，因为颗粒无收，导致了粮价猛涨，民众只能刮木皮和糠皮充饥，当食无可食的时候，倒毙在路边的饥民尸体便成为人们的食物，开始有人割人肉充饥。在潍坊为了能够活命，甘愿被人贩子贩卖到南方的妇女数以万计。在郯城县饥民为了能够获得活命的机会，几十文便将妻子卖给别人拿去煮食，一两个馒头便能将自己的孩子卖给别人充饥。一时间，整个山东都如同人间地狱，数十万人逃往外省。万历末年的这次特大饥荒中发生食人事件的就多达 63 个县，尤以山东最为严重，两年时间内共有 55 个县发生了食人事件；1692—1694 年法国大饥荒，法国约有 280 万人饿死，约占总人口的 15%；1695 年，饥荒袭击爱沙尼亚，导致该国人口损失达 1/5。1696 年，饥荒在芬兰肆虐，饿死了 1/4 ～ 1/3 的人口。1695—1698 年，苏格兰也遭受严重饥荒，部分地区饿死了高达 20% 的居民。在食物匮乏的时期，一个馒头你究竟愿意出多少钱呢？

饥荒带来的是人间炼狱，情景十分可怕，但我们现在不用过度担心，都已经成为过去时。正如历史学家尤瓦尔·赫拉利在《未来简史》中的说法，最近几百年随着科技、经济和政治的进步，已经打开了一张日益强大的粮食安全网，使人类脱离了生物贫困线。虽然有些地区时不时仍有大规模饥荒，但只是特例，而且几乎都是由人类的政治因素而非自然灾害所致。世界上已经不再有自然造成的饥荒，只有政治造成的饥荒。如果现在还有在叙利亚、苏丹、索马里、巴勒斯坦、乌克兰的难民饿死，罪魁祸首其实是那些政客，而不是自然灾害。就整体而言，全球贸易网络能将干旱和洪灾转为商机，也能又快又省钱地克服粮食短缺的危机。就算整个国家遭到战争、地震或海啸摧残，国际上通常也能成功避免饥荒肆虐。虽然每天仍有几亿人陷于饥饿，但在大多数国家已经很少有人真正被饿死。现在的大多数国家，真正严重的问题并不是饥荒，而是饮食过量。2014 年，全球身体超重的人数超过 21 亿，而营养不良的人口是 8.5 亿。预计到 2030 年，人类会有半数身体超重。2010 年，饥饿和营养不良合计夺走了约 100 万人的生命，但肥胖却让 300 万人丧命。

贫困确实会带来许多其他健康问题，营养不良也会缩短预期寿命，即使地球上最富有的国家也不免有这个问题。例如在法国，仍有 600 万人（约占总人口的 10%）陷于营养不安全（nutritional insecurity）的状态。一早醒来，他们不知道中午能否有东西吃；夜晚，他们常常带着饥饿入眠；就算有饭吃，营养也非常不均衡、不健康；有大量的淀粉、糖和盐，却没有足够的蛋白质和维生素。然而，营养不安全仍然算不上饥荒，21 世纪初的法国也已不再是 1694 年的法国。就算在博韦或是巴黎最糟糕的贫民区，现在也不会出现几周没有吃而饿死人的情形。18 世纪，据称法国王后玛丽·安托瓦尼特（MarieAn-toinette）曾向挨饿的民众说，如果没有面包可吃，何不吃蛋糕呢？但今天的穷人真是如此，如今，住在美国比弗利山庄的有钱人吃生菜沙拉、藜麦豆腐，而住在贫民窟或贫民区的穷人则大口嚼着美国的国民零食——蛋糕、玉米脆、汉堡包和比萨等。

我国近几十年发生的巨大变化令世界瞩目，从"人文始祖"黄帝时期到 20 世纪的中期，几千年来中国都曾遭到饥荒肆虐。就在 50 年前，中国还曾经是粮食短缺的代名词。1974 年，第一次世界粮食会议在罗马召开，各国代表听到了恍若世界末日的前景预测。专家告诉他们中国绝无可能养活 10 亿人口，这个全球人口最多的国家正走向灾难。但事实上，我国创造了历史上最大的一个经济奇迹。自 1974 年以来到 20 世纪末期，虽然仍有几亿人苦于粮食匮乏和营养不良，但也已有几亿中国人摆脱贫困，这是我国历史上首次不再受到饥荒之苦。最近 20 多年来，我国的经济发展更是步入快车道，农业、工业、商业、科技等各个领域都得到长足发展，我国已经跻身于强国之列，从目前的情势看我们已经告别粮食匮乏和营养不良。

在 20 世纪 70—80 年代学生的教科书中曾提过，青少年处于身体发育时期，需要多吃点肉，以补充营养，但现在的教科书却不这样说了，倒是很多关于医疗保健知识却要求少吃点肉，适当补充膳食纤维。原因就是现在人们肉吃的过量或者其他能量摄入过量，出现了很多所谓的"富贵病"。有人研究人类喜欢过量的摄入食物是上百万年遗传演化的结果，在上百万年原始狩猎采集时代，有机会多摄入一些食物，就会多一些生存和繁衍的机会，而到了今天这个食物非常丰富的时代，每天都摄入过量的食物可不是好事，要想健康就需要主观对抗这种进食欲望，控制好饮食。

关于饥荒问题也有比较悲观的观点，认为饥荒还会到来。认为耕地土壤的退化和大气变暖，将会带来新的饥荒。美国地质学家戴维·R.蒙哥马利在《耕作的革命》中描述了土壤退化可能会造成未来粮食短缺，他承认现在生产的粮食能够满足现代人的需求，承认现在的粮食短缺不仅仅是农业问题，而更多的是经济和分配甚至是政治上的问题，但随着土壤退化，生产力会迅速下降，人口会持续增长，当肥沃的耕地承载不了更多的人口，从而会造成新的饥荒。2015 年，联合国粮农组织发布了一份由世界各国科学家团体提的报告，报告指出、土壤退化几乎使全球每年的粮食生产力减少一半、无论怎样计算，如果这种趋势继续下去，结果都会非常严重。历史上从罗马帝国到玛雅文化和波利尼西亚的复活节岛，一个又一个伟大的文明皆因表层土壤被破坏而陷入贫困，最终走向毁灭。面对土壤突然退化的问题，如果我们不尽快采取应对措施，全球范围内人类都将面临和过去某些区域的前人一样悲惨的情形。当我们只有所剩无几的肥沃土壤，又将如何养活未来增加的数十亿人口呢？戴维·R.蒙哥马利指出，与水资源紧缺和森林减少等其他环境问题不同，土壤退化的情景不容易被注意到，因为土壤退化发展得太缓慢，以至于它很少成为一代人紧迫的祸患、然而这就是问题所在！就像温水煮青蛙一样，没有危机意识，等到有些事情发生以后就为时已晚。

也就是说我们在研究粮食问题的时候，围绕粮食产能本身就需要格外重视土壤退化的问题。这个话题既涉及粮食的价值，还涉及土壤的价值的破坏。由此看来，"$P_{生态}$"不只是人类应不应该关注和重视的问题，而是粮食生产本身需要研究解决的问题，是理性农业必须面对的克服短视的问题，因为随着土壤和气候的恶化，土壤被破坏造成的成本"$P_{生态}$"对农业生产的影响也越发显著。

过量施用化肥对土壤会造成破坏，比如大量的施用氮肥，会使土壤酸化或盐碱化加剧，土壤中的钙镁有效性下降，造成果实中的钙、镁等营养成分明显降低，通常会产生缺钙、缺镁症状，病害加重；过量施磷肥，造成土壤中有害元素积累，磷肥主要来源于磷矿石，磷矿石中含有许多杂质，包括镉、铅、氟等有害元素。过量施用磷肥会引起土壤中镉的增加，年增长量分别为 0.08% ～ 0.15%，且这种镉有效性高，易被作物吸收，给人畜造成危害；过量施磷肥，会造成土壤理化性质恶化，连续大量施用，会造成土壤酸化或盐碱化；过量施用钾肥会造成部分地块有害金属和有害病菌超标，破坏土壤中的营养结构和平衡，导致土壤性状恶化，及水体污染。这些对土壤和生态环境的危害，有的是直接或间接影响着作物的产量，成为作物产量新的短板；有的是直接或间接影响着作物的品质，生产出有毒有害的产品，对于破坏环境，使人类的生存受到威胁的生产是需要被禁止的。所以过量施用化肥生产出来的粮食不仅仅是增加了化肥经济成本，实际上我们的土壤也付出了额外的难以估量的生态成本"$P_{生态}$"。

研究未来全球饥饿问题，还要考虑收成在多大程度上才能满足牲畜和汽车（生物燃料）的需求。那么解决源头问题就是修复和开发土地的农业生产潜力。我们真的能做到修复退化农田的土壤肥力吗？如果可以，需要花费多少时间和金钱呢？这也就涉及生态成本，如果是因为施用化肥带来的土壤退化，那么恢复土壤所需要的金钱就是化肥的一部分生态成本"$P_{生态}$"。如果我们的生产措施带来的是不可修复的破坏，那么带来新的饥荒可就不是危言耸听了。我们能做的是尽量使"$P_{生态}$"减小，如果能达到负值，那就会产生正的生态效益。

更为悲观的观点，是气候的变化会带来新的更严重的饥荒。的确，历史上几次大的饥荒都与气候有关。气候对粮食生产的影响是显而易见的，洪涝、干旱、冰雹等自然灾害会造成粮食大幅度减产甚至是绝产，最近10年发生的极端天气比之前30年发生的次数都多，强度也比之前大得多。我的家乡是黑龙江的一个小山村，我在那里生活了24年，现在我已经离开那里24年，就在去年那里遭遇短时强降雨、特大冰雹、强对流天气。冰雹最大直径9cm，作物大面积绝产，道路桥涵遭到严重破坏，泥石流冲垮院墙。这样的极端天气是为啥会多起来呢？

IPCC的气候模型足以让全球数千位气候专家公开宣布，气候变暖确有其事，并且这一变化主要是由于人类排放温室气体（主要是CO_2和CH_4）所导致。预测到2040年，这一变化将给全球造成极其严重的后果，并且会愈演愈烈。不幸的是，IPCC的模型并没有预估到北极冰川的迅速融化。到2007年，就有一半的北极冰川已经融化，远早于报告上预测的21世纪50年代。

　　1948年，一位名叫费尔菲尔德·奥斯本（Fairfeld Osborn）的环保教育人士写了一本书，名为《被掠夺的地球》（Our Plundered Planet，这是第一本对生态遭到破坏发出呐喊的著作）。1958年，查尔斯·凯林（Charles Keeling）开始测量大气中的CO_2浓度。当他观察到大气中的CO_2浓度在持续上升的时候，奥斯本领导的环保教育基金会于1963年召开了第一届气候变化大会。大会发表了一篇论文《大气中二氧化碳浓度上升的影响》（Implications of Rising Carbon Dioxide Content of the Atmosphere）。斯潘塞·维亚特（Spencer Weart）在《发现气候变化》（Discovery Global marming，2004）中写道："这份报告指出，大气中CO_2浓度在下一个世纪将上升到原来的两倍，这将让大气温度上升4℃（7.2 ℉），由此将引发海岸地区严重的洪涝灾害以及其他危害。"1971年，巴里·康芒纳（Barry Commoner）写的环保畅销书《封闭的循环》（The Closing Circle）第一次面向公众提出了关于温室气体增加的警告。

　　大气化学家詹姆斯·洛夫洛克（James Lovelock）在2007年为英国皇家科学院的科学家们做的一次报告里提到："我们必须了解到，地球气候系统正处于正反馈期，并且将不可避免地走向过去曾出现过的炎热期。""对于那些有正反馈的系统而言，其自身所带的危险实在是太大了，再三强调也不为过。"

　　需要注意的是，这里提到的"正反馈"里的"正"可不意味着"好"。它通常是意味着麻烦，因为它会加速变化的发生。正反馈，有时候也可以说是"累积反应"……是一种反馈回路，系统对干扰的反应就是加剧干扰。相反，那些从相反方向做出反应的就叫"负反馈系统"……正反馈的最终结果通常就是起到增大或者是爆炸性的作用，也就是小小的波动会产生巨大的改变。

　　冰川消融会带来正反馈。冰川可以反射85%的太阳光，黑暗的海洋可以吸收太阳光，只反射 5% 的太阳光。剩下的冰川越少，北极所吸收的太阳光就越多，从而加速冰川的融化。这就是正反馈。

北极冰川的另一个正反馈的例子是北极苔原永久冰层（现在已经不再是永久了）的融化，其消融会释放出大量可导致温室效应的 CH_4，这些气体是过去冻结于此的植物所释放出来的，同时还会有 CH_4 从冻土层里的可燃冰蒸发出来。大气里的甲烷含量越高，冰层融化速度就变得越快，如此循环反复。随着北极冰川的融化，绿叶带北移针叶林会代替原本苍白的苔原，从而吸收更多的热量，并加剧正反馈效应。

峰值效应则更为难以察觉。那些缓慢发生的变化不会有明显的迹象，好像一切都很正常，但突然有一天，整个系统开始发生剧变，不可逆转地进入另一状态。

芝加哥大学气候模型专家戴维·阿彻（David Archer）指出："最恐怖的是，气候变暖会导致那些一直藏在海底的甲烷被释放出来，假如这些气体都释放到大气里，其浓度会是现时大气中温室气体的 10 倍。那时候，我们将直接目睹大规模的物种灭绝。"但还有一种可能就是我们人类本身根本来不及目睹这一切的发生就已经无法在地球上生存，事实上地球上多数的生命体适应能力远远强于人类。

有些气候事件事实上已经对人类造成了很大的影响，森林火灾还是到处发生，就像一位科学作家所写的："伴随着全球变暖，我们得到的不是一场大火：我们得到的是绵延不断的大火。"发生在干燥的森林里以及在泥炭沼的大火，例如在印尼的那些野火可以向空气中排放大量的 CO_2，这些气体会使得陆地和植被暖化，而暖化又使得植被本身更容易着火。2007 年，发生在希腊南部的一场大火使得曾经在当地支持度颇高的科斯塔斯·卡拉曼利斯（Costas Karamanlis）政府下台。而澳大利亚持续不断的火灾则使得该国政府倒台，于 2007 年上任的新一任总理上台之初即提出要签署《京都议定书》（Kyoto Protocol），明显区别于前任政府对气候变化的否认态度。但是在不久之后，新政府还是要应对新的森林大火。

研究表明，更高的气温在欧洲正在以每 10 年 40.23km 左右的速度向北推进，与此同时，动植物北移的速度仅仅为每 10 年 6.04km 左右。而这恰恰是一个会导致物种灭绝的趋势。现在，在伦敦的邱园，你也能看得到橄榄树以及鳄梨树了。而随着海洋暖化和酸化趋势越来越严重，人类继续过度地捕鱼，海蜇开始北迁，使得爱尔兰海的大批渔场纷纷衰亡。在非洲，那些喜欢炎热气候的蚊子则带着疟疾和登革热病毒北迁，甚至把这些病毒带到了欧洲南部。由于海洋变暖，太平洋中部的季风也被干扰，而有赖于厄尔尼诺周期出现的雨季也因此变得更加难以预测。就在 2024 年 5 月底至 6 月底，整整一个月，我所在的农场就经历了百年不遇的连续阴雨天气，这里洪灾曾经发生过，但 6 月的洪灾在历史上是罕见的，连续的低温多雨和洪灾给农业生产带来重大损失。而此时的山东、河南、安徽、江苏等地正经历着严重的高温干旱，农业生产也受到严重威胁。要是在旧社会，这样的灾难可能就会有大量的逃难人口背井离乡流离失所，因饥饿而丧命的也绝对不会是个小数。

复杂的社会系统可以应付一次自然灾害，但不能应付持续几十年的自然灾害。"它们就是最有代表性的毁灭人类文明的杀手。"人类学家布赖恩·费根（Brian Fagen）说。正是干旱使得中东以及中美洲的古代帝国走向消亡。没有雨水，农业就没有收成，城市会开始萎缩，人们就会出走。

现在，关于气候变化谈论得最多的是减少 CO_2 排放量，使得大气中 CO_2 浓度达到 0.045% 而不再上升。我们目前的排放值已经达到了

0.0387%，并且还在飞速上升，每一年都会上升 0.0002% 或者更多。格里菲思提醒我们说，如果达到 0.045% 的话，地表温度只需上升 2℃（3.6 ℉），就会造成大量的物种灭绝，更严重的暴风雨、旱灾和洪水，更多地区被海水淹没，更多的难民，以及其他不可预测的、代价沉重的和不人道的后果。

相对稳定的气候，是保证人类文明得以繁盛发展——甚至可以说是赖以生存的先决"生态条件"。在地球气候历史上，唯一没有发生气候急剧变化的时期（除去漫长的冰河时期）就是我们刚刚经历过的一万年，人类正是在这一时期发明了农业、城市以及复杂的社会系统。当然，我们一直把稳定的气候当成一种必然，文明也未曾经历过其他的异常气候。那么维持这种气候稳定就是在维持我们的生存条件，那么如果这种生存条件遭到破坏，要修复它就需要付出成本"$P_{生态}$"。当然一定要控制在峰值到来之前，在有机会和还能够付得起"$P_{生态}$"的时候行动起来。如果峰值到来，那就一切都晚了。

我们更多关注的是气候对我们的影响，尤其对农业生产的影响。事实上，农业对气候的巨大影响才是我们更应该关注的。

古气候学家威廉·拉迪曼（William Ruddiman）的《犁耙、瘟疫与石油》（Plow et al.，2005）。他考证了过去 275 万年的历史，发现其中有数十个冰河时期它们持续的时间以及影响的范围都受到了太阳活动强度的驱动。来自格陵兰岛的冰核数据与冰河循环理论一直都是相吻合的。但是，在 5 000 年前，正当地球处于间冰期的时候，大气中的甲烷含量本来应该是下降的，却突然发生逆转并且使得地球变热了，而且甲烷浓度依旧继续上升。这是为什么呢？

答案是人类出现了。农业革命发生在 1.2 万年前，人类数量随着农业的发展而开始增加，人类烧毁森林来开辟新的耕地和牧场。人类社会不断发展并且人们会进行迁移和扩张，而森林面积则随之减少，致使大气层逐渐变成了一个温室，那么发生在 8 000 年前的二氧化碳浓度的神秘上升可能就与此有关。拉迪曼认为，因为中国以及东南亚地区突然出现了农业灌溉这一创新性发明，使得人工种植水稻成为可能。植物残体在新的人工造成的湿润泥土里会烂掉并且释放出甲烷。而随着水稻种植的扩展，释放出来的甲烷也随之增多。再加上还会不断释放出甲烷的养殖牲畜的增加、这些加起来就是本应该下降的甲烷含量突然逆转上升并使地球变暖的原因。按照古老的天文周期来看，新的冰河时期应该在几千年前就发生了，于是拉迪曼总结道："冰河期迟迟没有发生，而人类正是冰河期被推迟的原因。"因此我们幸运地躲过了一个冰河时期，创造了适合人类文明发展的气候稳定期。不幸的是，我们现在已经向大气中排放了太多的二氧化碳，以至于我们会因此走向危险的边缘。

土壤碳库是陆地生态系统中最大的碳库，对全球气候变化和人类生存环境有重要的影响。据估计，全球陆地土壤有机碳储量为 1 300 ~ 2 000Pg（1Pg=1×10^{15}g），是陆地植被碳库的 2 ~ 4 倍，是大气碳库的两倍，因此，土壤碳库在全球碳平衡和循环中起着举足轻重的作用，温室气体排放均与碳循环有关。土壤有机质是土壤有机碳库的重要组成部分，不同土壤表层有机碳的平均停留期受土壤有机质的性质、数量和环境条件等的影响，有机碳的平均停留期为 100 ~ 3 000 年。农业生产使自然土壤成为耕地土壤，人为干扰了土壤的碳循环，农业生产对耕地的扰动加剧了土壤呼吸向空气排放二氧化碳，当耕地土壤受到耕作扰动时，分解作用的条件（土壤充气性和水含量）被改变，引起土壤呼吸速率加快，从而导致土壤有机质含量下降。耕作也破坏了土壤团聚体，使得被稳定吸附的有机质暴露而加速其被氧化分解的过程。另外，当天然植被转变成农田时，输入到土壤中的新鲜植物碎片数量也会减少。如果秸秆被转移出耕地，则输入到土壤中的植物碎片就只剩下作物根系残体了。随着世界人口的不断增长和所需粮食作物生产的增加，要求有更多的土地面积用于耕作。这样，农业土壤中有机质的流失就成为大气 CO_2 升高的一个非常重要的原因。土壤呼吸即使发生较小的变化也会等于或超过化石燃料燃烧而进入大气的 CO_2 年输入量，所以土壤呼吸的变化能显著地减缓或加剧大气中 CO_2 的增加，进而影响气候变化。从严格意义上讲，土壤呼吸作用是指未受扰动的土壤中产生的新陈代谢作用，包括 3 个生物学过程（植物根呼吸、土壤微生物呼吸和土壤动物呼吸）和 1 个非生物学过程（含碳物质的化学氧化作用）。2007—2016 年土地利用变化排放的 CO_2 为（13±0.7）Pg/ 年，化石燃料和工业排放的 CO_2：（C）为（9.4±0.5）Pg/年，大气 CO_2：（C）增长为（4.7+0.1）Pg/ 年，海洋碳汇为（2.4±0.5）Pg/ 年，陆地碳汇为（3.0±0.8）Pg/ 年（Quéré etal，2017）。大气中 CO_2 浓度的不断升高加剧了温室效应，可能导致全球变暖，全球变暖会大大刺激土壤呼吸作用，导致更多的 CO_2 释放到大气中捕获能量。基于一个固定的全球温度敏感性的 Q_{10} 值（如 2.0），如果全球温度升高2℃，土壤呼吸将释放出额外的超过 10Pg/ 年的碳（C），这比目前由于人类活动释放的碳还要多。额外的碳释放将使由于人类活动导致的变暖进一步加剧。这也是人类农业生产造成的气候正反馈之一。

在大气对流层中，CH_4 平均滞留时间为 8 ～ 12 年，各种排放源的年排放总量在 410 ～ 620Tg。据 ^{13}C 同位素测定推测，大气 CH_4 排放总量中约 70% 来源于土壤生态系统产 CH_4、微生物活动和反刍动物的排放，其余来自化石燃料和生物的燃烧。自然湿地、沼泽土和水稻土中逸出的 CH_4 是大气中 CH_4 的主要来源之一。水稻种植面积的扩大增加

了大气中 CH_4 的浓度。

泥炭地作为农业用地被利用时需要排水，这将改善土壤的通气性从而加速泥炭的微生物降解；泥炭地的疏干，特别是热带雨林的开垦，将显著增加土壤中 CO_2 的净逸出量，增加大气中 CO_2 的浓度，大气中 CH_4 量和 CO_2 量的增加会通过温室效应而使气候变暖。CH_4 比 CO_2 温室效应还恶劣 25 倍。

另外，还有一个深层的细节值得推敲。在公元 200—600 年间、公元 1300—1400 年间以及公元 1500—1750 年间所发生的大气层中 CO_2 浓度突然降低的现象，实际上，这些时期正好与人类因为遭遇大瘟疫而导致人口大量死亡的时间相吻合，那几个时期分别发生了罗马时代的瘟疫、欧洲的黑死病、北美原住民因为感染了欧洲殖民者带来的病毒而大量死亡的事件。而每当发生这样的事件时，森林都会因为农地荒废而重新迅速地生长起来，并且降低了大气当中的 CO_2 浓度。由此判断森林面积的增加将有利于温室气体 CO_2 的减少。

现代农业生产，化肥应用对气候的影响有两个方向，一方面是化肥的应用使作物生长量增加，从而可以减少大气中 CO_2 浓度，需要注意的前提条件是要减少被固定的 CO_2 快速排放，禁止不必要的焚烧和浪费是关键所在；另一个方向则是需要被高度关注的，也是值得注意，氮肥用量过大，超出的量不会被植物吸收，因而会产生大量的 N_2O，N_2O 是比 CO_2 还恶劣 300 倍的温室气体，是从施有大量化肥的土壤中产生的。《新科学家》的一篇报道说："如果氮肥使用量减少 1/3，温室气体排放量的减少将会比让全世界的飞机停飞都多。"同时 N_2O 使臭氧减少，由于臭氧层遭受破坏而不能防止紫外线透过大气层，强烈的紫外线照射对生物有极大的危害。

过量施用氮肥和磷肥还会对水体和地下水造成污染，大量的氮磷养分进入水体，可引起水体的富营养化，导致藻类等过量繁殖，藻类死亡后，遗体的分解使水体中溶解氧大量被消耗，水体出现缺氧状态，水质恶化，造成鱼和虾死亡等严重后果；过量施肥产生的硝态氮向下淋洗，造成地下水的水质下降，如饮用水中硝酸盐含量达 50mg/L 以上时即大大超标，如果长期饮用这种超标的地下水，也会危及人体健康。因为在一定的还原条件下，硝酸盐转化为亚硝酸盐后，可生成强致癌物质——亚硝胺，它对人体健康构成很大威胁；过量施磷肥和钾肥，会造成土壤中有害元素积累，导致土壤及水体污染。

由此看来我们的粮食生产不只是付出了人类主动投入的经济成本，在粮食生产过程中我们的土壤和我们的生态环境都在默默地付出生态成本，而这种成本的大小与我们人类的活动是否理性存在最直接的关系。

斯图尔特·布兰德在《地球的法则》提出，将生态系统服务看作一种基础设施。正如桥梁是基础设施，桥底下的河流也是基础设施。两者都可以支持我们的生命，并且二者都需要维护，而维护的费用需要我们以某种方式去承担。在现实生产活动中，桥梁是基础设施是被大众所承认的，而河流被看作是基础设施，则需要做思想工作才能够被接受。无线电波段是一种基础设施，同样，没有被破坏的臭氧层也是一种基础设施。如果河流和臭氧层被认可为基础设施，那么生态环境、土壤、气候等也能够被接受，它们都能给我们的生命提供支持，那我们该怎么去衡量生态系统服务呢？说到这个概念，我们通常会想到食品、饮用水、空气、能源、药品、有机物分解和各种趣味等，虽然这些都不能用经济学的价值来衡量，但人们还是积极地去探索。有一本经济学的教科书将这些服务的经济学价值估算为每年 40 万亿美元，这一数值接近目前全球各国国内生产总值的总和。人们的希望似乎是，一旦我们掌握了衡量生态系统服务的方法，我们也将学会如何用经济调控的方法去和这一系统相处。

作为基础设施的维护，我们要考虑持久性以及责任问题。对于生态环境和稳定的气候、土壤健康不能像人们通常认为的那样，只有当基础设施没有正常运作的时候，才会注意到它的存在。假如我们的基础设施出现问题了，我们就会想到利用科学、工程学以及公众共识，还要像发行债券或公私合作等方式来解决它。而这些工具对于自然基础设施也同样适用，但对于生态环境和稳定的气候、健康的土壤则需要未雨绸缪。说得简单些就是这些服务和基础设施，在应用过程中需要在出问题之前做好维护和保持，需要付出生态成本"$P_{生态}$"。需要国际协议来避免"公地悲剧"的发生，

粮食支持着我们的生命，生态环境、土壤、气候同样支持着我们的生命，同时生态环境、土壤、气候支持着粮食作物的生命，所以良好生态环境、健康的土壤、稳定的气候是基础中的基础设施，其重要性就不言而喻了。

说到这里，我们只是大篇幅地提出了"$P_{生态}$"在农业生产决策中的重要性，而"$P_{生态}$"的具体数值目前还是难以确定，在农业生产中的各个环节都需要重视"$P_{生态}$"的存在，包括化肥的使用、农药的使用、耕作措施的采用、转基因品种的应用等。作为理性农业我们还有很多课题需要进行深入的研究，技术的进步也可能会带来新的问题，而解决问题必须靠技术创新与技术进步。

当你告诉人们，这样施肥产量最高，那样施肥经济效益最好，在不怎么费事的情况下就比较容易被接受，但是如果你只和他说你这样施肥有利于生态改善，他首先考虑的是这和我关系密切吗？所以说在施肥这件事上需要的是共同的价值取向，需要共同的理性认知。

只看产量指标时，当然要选择最大产量施肥量，因为超过这个施肥量造成的结果是产量下降和成本上升；如果考虑经济指标，实际就是考虑了经济成本，当然选择经济施肥量，因为最大产量施肥量总是有那么一些肥料所换回来的经济效益不够购买多用的那些肥料；当我们考虑生态指标的时候，那么就需要考虑增加生态成本。在经济施肥量基础上考虑生态成本，其结果必然是指导施肥量低于最经济施肥量。从这点看，增加肥料的环保成本是把部分生态指标转化为经济指标的一点措施。那么是否通过政府继续增加肥料的环保成本呢？处于不同角度的人群可能会给出不同的答案。建立管理机制，设定施肥红线，超过施肥红线就会在施肥成本中体现出巨大的环保成本可能是减少化肥用量有效措施。将生态作为公共设施，使用公共设施需要付出成本也是天经地义的。估算施肥的生态成本的经济学数值对于制定干预施肥量的政策具有现实意义。

第五节　肥料利用率

在化肥被广泛应用的今天，人们也十分关心化肥的利用率，一方面是考虑提高化肥的利用效率以增加产量，另一方面考虑是，如果化肥能被作物 100% 的吸收，那么也就解决了化肥破坏生态的问题，事实是到目前为止应用的化肥都没有被 100% 的吸收。

肥料利用率的研究思路一般是基于这样的考虑，应用肥料的耕地作物在吸收养分的时候，土壤提供了一部分养分，肥料提供了一部分养分，那么肥料提供的养分占施肥量的比例就反映了肥料的利用率，就像说是我们有 100 个房间，被利用了 40 间，那么我们的利用率就是 40%，其余的要么损失掉了，要么被留在土壤中。那么不施用肥料的处理作物的养分吸收量被视为耕地能够提供给作物的养分量。通常肥料利用率的计算公式如下。

肥料利用率（%）=（施肥区养分吸收量 – 无肥区养分吸收量）/ 施肥量 ×100

所以肥料利用率的试验设计就是在其他条件都一致（包括其他养分肥料应用也都一致）的情况下，研究一种养分肥料的利用率，设定一个施用该养分肥料的试验区和一个不施用该养分的试验区，然后获取产量（包括目标收获物籽粒的产量和非目标收获物茎叶的产量）数据，检测化验作物对养分的吸收量，根据肥料利用率公式计算得到数据。研究肥料应用的人员一般都做过这样的试验，我也做了好几年，也进行了一些相关数据的讨论，但遗憾的是我进行的讨论可能很少有人看到，即使看到了可能也没人愿意加入这个讨论之中，因为大部分人觉得没什么值得讨论的，这个思路已经很清晰了，剩下的就是试验质量的问题了，而且做试验的确是一个枯燥而又辛苦的事情。但是这种研究肥料利用率的方法本身存在几个漏洞还需要探讨和研究，并且在讨论的过程中还可能会有新的收获。

第一个漏洞，就是这种研究方法本身的基础假设存在漏洞，这个假设是肥料利用率公式中施肥处理中土壤提供的养分吸收量和无肥区养分吸收量是相等的，但如果两者不相等，则这种研究方法的基础假设也就失效了。

关于肥料利用率我和一些农业科研人员进行过交流，乍一听感觉肥料利用率的研究思路没什么问题，但只要就这个基础假设进行深究都感觉有些头疼，显然基本假设是站不住脚的。就肥料应用本身而言就会造成基本假设的不稳定，比如不施肥处理植株矮小，根系也小，小的根系与土壤接触面积较小，因此从接触的土壤中获得营养的机会就小，而施肥处理的植株壮，根系也比不施肥处理根系发达，那么发达的根系与土壤接触的面积更大，从土壤中获得较多营养的机会就会比不施肥的多，这时候研究出来的肥料利用率一定是偏大的，对于瘠薄的土壤可能会表现的更突出一些，甚至有时候会高到理解不了的程度（肥料利用率超过了 100%）；对于肥沃的土壤施肥与不施肥处理的根系差距可能会减小，两个处理从土壤中获得养分的差距也可能会减小，那么试验得到的数据可能更接近想要的理论利用率；但也有可能由于肥料供应养分，施肥处理的作物对化肥产生依赖，土壤提供的养分小于空白处理土壤提供的养分，这个时候肥料利用率的数值还有可能会低于理论利用率。所以我们一定要清晰地知道，这样研究的肥料利用率不是研究化学肥料真正被作物吸收了多少养分，而是化学肥料帮助作物多吸收了多少养分，由于施肥导致的土壤养分供应量增加和减少也可以视为肥料的贡献。这似乎是和肥料利用率研究的初衷没什么大的出路，但在理解的本质上是不一样的，好消息是我们有许多其他和化肥用量无关的措施可以带来更多的养分供应可以研究和应用；坏消息是这样研究的化肥利用率并不能真正反映化肥被吸收了多少和损失了多少。

举一个比较极端的例子，大豆种植的氮素供应，有 50% ～ 70% 的氮素是根瘤菌固定空气中的氮素供应的，有一部分是土壤供应的，在现代农业生产中还有一部分是化肥直接供应的，所以大豆的氮肥肥料利用率很难确定化肥到底供应了多少养分，而化肥的应用的确是在影响着大豆根系和根瘤的生长，对土壤供应和根瘤供应氮素均有较大的影响，有的是正向的，有的是反向的，正向的就会使肥料利用率得到提高，甚至高到超过 100%，事实是化肥利用率不可能真正到达 100%，比如化肥的应用促进大豆根系发达，根瘤数量增多，促进了根瘤菌的固氮能力，如果根瘤固氮供应量由原来的 50% 提高到 70%，这个提高的量完全有可能超过化肥的供应量，这样得到的数据肥料利用率一定会高出对照很多；反向的则会使肥料利用率降低，甚至降低到 0 以下，在做肥料利用率试验时出现 0 以下是不被承认的，但事实是存在的，比如施用的氮肥，有可能导致根瘤发育不良，根瘤菌为大豆提供的氮素下降 20%，这个量有可能导致施肥处理的氮素吸收量低于空白对照，导致所得到的计算结果低于 0，通常情况下做试验的试验员遇到这种情况，会舍弃这个试验结论，如果不舍弃就会遭到批评和指责，甚至会被扣除奖金，通常只有做试验的结论符合发奖人的心意才会得到奖金。大豆虽然是个比较特殊例子，但由于有很多学者研究过化肥对根瘤菌固氮功能的影响，所以能够说明肥料利用率不能被正常测出的原因。玉米也会受到土壤微生物的影响，同样也会使肥料利用率产生较大的波动。

第二个漏洞，在生产条件稳定的情况下，计算的肥料利用率只与施肥量有关。应用报酬递减律加以分析就可以得出结论，在肥料性能没有发生改变的情况下，只要降低施肥用量，就可以提高肥料利用率。

今天我们破一次例，不做农田试验，我们只是坐下来进行思考，也像理论物理学家一样，进行一次思想试验，用数学推导来研究一下报酬递减律与肥料利用率的关系，当然这个思想试验需要具备一定的数学思维和数学功底，虽然不用去田地里风吹日晒地搞调查，但却需要烧一烧脑细胞，加速大脑细胞的更新迭代，据说可以预防阿尔兹海默病的发生。也可能是因为没有农田试验数据，在申请发表论文的时候，没有得到编辑部的支持。

基本思路是这样的：在研究科学施肥的工作中肥料效应报酬递减规律是建立氮、磷、钾施肥指标的理论基础，通过研究肥料效应报酬递减规律才能找到最大产量施肥量和经济施肥量。在肥料报酬递减规律的数学函数之中体现出施肥量与产量的相对稳定的数学关系，而产量与养分吸收量也具有相对稳定的数学关系，因此肥料报酬递减规律与肥料利用率也必然具有相对稳定的数学关系。

在连续递增施肥剂量的情况下，出现直线、曲线和抛物线等三种肥料效应模式，在其他技术条件不变的前提下，随着施肥量的递增达到一定数量以后，必然会出现报酬递减现象，肥料效应报酬递减规律是客观存在的。当农业生产力达到一定水平，由肥料效应报酬递减律获得的最大产量施肥量和经济施肥量成为科学施肥的指导依据。

在报酬递减阶段通常可以用二项式公式表示，也就是用抛物线函数 $Y=aX^2+bX+c$ 表示。

我们研究报酬递减律的时候，作物产量通常是指收获目标物的产量，然而在研究玉米肥料利用率的时候，肥料利用率的计算一般是包含了籽粒养分吸收量和秸秆养分吸收量，所以为研究肥料效应报酬递减律与肥料利用率的关系，肥料报酬递减律也需要将目标物产量拓展为生物产量，生物产量通常包括目标物以外的产量（比如玉米的生物产量通常包括籽粒产量和茎叶产量）。也就是将玉米的籽粒产量和茎叶产量都视为目标物产量。生物产量的施肥效应同样遵从报酬递减规律，同样可以用二项式公式表示为 $Y=AX^2+BX+C$（Y 表示产量，X 表示施肥量，A 为负数，B 为正数，C 为正数）。通常肥料利用率的计算公式如下。

肥料利用率（%）=（施肥区养分吸收量 – 无肥区养分吸收量）/ 施肥量 ×100

肥料利用率一般把茎叶和果实的养分吸收量都考虑进来。计算公式如下。

肥料利用率（%）=［（施肥区果实养分吸收量 + 施肥区茎叶养分吸收量）–（无肥区果实吸收量 + 无肥区茎叶养分吸收量）］/ 施肥量 ×100

果实的养分吸收量 = 果实产量 × 果实养分含量

茎叶的养分吸收量 = 茎叶产量 × 茎叶养分含量

以玉米为例，生物产量计算公式如下。

生物产量 = 籽粒产量 + 茎叶产量。

那么也可以表示如下。

肥料利用率（%）=（施肥区生物产量 × 施肥区生物产量养分含量 – 无肥区生物产量 × 无肥区生物产量养分含量）/ 施肥量 ×100

一种作物一定的品种，生物产量养分含量具有相对稳定的数据区间，因此在一定条件下生物产量与生物产量养分吸收量呈极显著直线正相关关系（对 2014 年、2015 年肥料利用率研究 75 组数据分析，见图 2-12，图 2-13，图 2-14）。这为通过肥料效应报酬递减规律函数研究肥料利用率提供了依据。

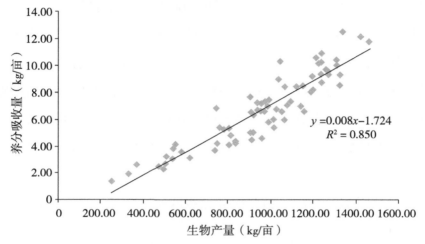

$$y = 0.008x - 1.724$$
$$R^2 = 0.850$$

图 2-12　玉米生物产量与 N 素养分吸收量相关性分析

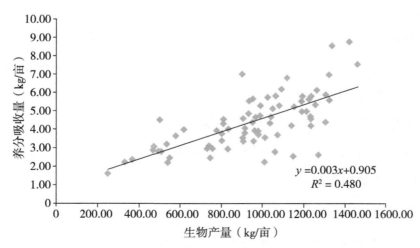

$$y = 0.003x + 0.905$$
$$R^2 = 0.480$$

图 2-13　玉米生物产量与 P_2O_5 养分吸收量相关性分析

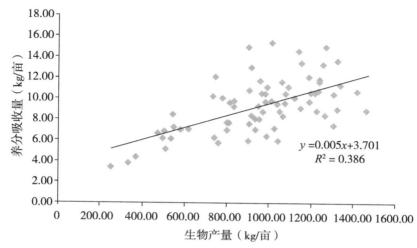

图2-14　玉米生物产量与 K_2O 养分吸收量相关性分析

肥料效应报酬递减规律与肥料利用率有什么数学关系呢？生物产量与养分吸收量呈直线正相关，并且肥料效应遵循施肥报酬递减规律，那么施肥区的养分吸收量也可以表示为 $y=ax^2+bx+c$（y 表示养分吸收量，x 表示施肥量，a 为负数，b 为正数，c 为正数），而无肥区的养分吸收量就是 c，计算公式如下。

肥料利用率（%）

=（施肥区养分吸收量 – 无肥区养分吸收量）×100/ 施肥区施肥量

$=((ax^2+bx+c)-c)/x\times100$

=（ax+b）×100

式中，a 为负值，b 为正值，这非常明显得出结论在一定的地力条件和肥料性能条件下，肥料利用率与施肥量呈直线负相关关系。当 x 趋近于 0 时肥料利用率趋近于 b×100%，x 为 –b/2a 时施肥区养分吸收量最高，也就是肥料利用率为 b/2×100%，此时施肥量为最大吸收量施肥量。所以在一定的地力条件和肥料性能条件下影响肥料利用率数值的因素只有肥料用量。肥料用量决定了肥料利用率。也就是说给定一个肥料用量和生物产量肥料效应函数就可以计算出肥料利用率。也就是在稳定的肥料效应条件下给定一个施肥量就会得到一个相对稳定的肥料利用率。

根据肥料利用率随施肥量的变化规律可以判断，肥料利用率不能作为评判施肥量是否科学的标准，原因就是肥料利用率随施肥量降低而升高，随施肥量升高而降低。这个数据只能评判肥料用量的高低。

通过肥料对收获目标物的报酬递减律得到经济施肥量，然后把经济施肥量带入由生物产量报酬递减律推导出来的肥料利用率的计算公式，肥料利用率（%）=（ax+b）×100，这个肥料利用率就是评判施肥是否超量的临界点，如果高于这个数值说明施肥量低了，如果低于这个数值则说明施肥量高了。

只有先得到科学施肥量再计算肥料利用率，才能作为参数在指导施肥中加以应用。但这样做就使施肥指导复杂化了。

肥料利用率（%）=（ax+b）×100 这个公式中的 a 和 b 反映了肥料对生物产量施肥效应的强度，a 和 b 的数值分别反映了肥料效应报酬递减项和报酬增加项，决定 a 和 b 数值的因素则包括土壤肥力特性和肥料性能。b 值越大，反映出施肥的增产效应越明显。a 值为负数，为报酬递减效应的反映。

那么在肥料用量不变的情况下，要想提高肥料利用率的数值，就需要改变 a 和 b 数值，就需要从土壤环境和肥料性能上下功夫。额外提高土壤及环境养分供应量的措施可以认为是提高了肥料利用率的数值，提高化肥性能才可能是真的可以提高肥料利用率。

生物产量的报酬递减律和目标收获物的报酬递减律，可能存在一定的联系，但不是一样的增长率和递减率，所以还是需要加以区分的。

比如，在施肥量相对较少的阶段，生物产量和目标收获物的产量可能呈直线正相关，它们的增长率就会比较一致，当施肥量达到一定程度，不同的营养元素就会表现得不太一致，比如氮素，当氮素用量超过一定数值，玉米籽粒的增长率就会降低，但秸秆的增长量还会增长较多，生物最大产量的施肥量和籽粒最大产量的施肥量不在一个施肥量点上；而磷肥和钾肥有可能正是相反的，生物产量的最大施肥量有可能会比籽粒最大产量施肥量略小一点，因为磷钾肥超过一定量，茎叶的生长量会在一定程度上受到抑制。由此判断最大吸收量的施肥量不一定是目标收获物最大产量施肥量。所以最大吸收量施肥量不能用于指导施肥，最大吸收量的肥料利用率也不一定是科学施肥量的肥料利用率。

这里需要强调的是肥料对生物产量的肥料效应决定了肥料利用率，比如大白菜，全株青贮玉米，通过试验获得最大产量和经济产量的施肥量，直接利用施肥对吸收量效应的报酬递减规律函数就可以确定科学施肥量的肥料利用率。而大多数作物有所不同，就需要通过肥料对目标收获物产量报酬递减规律计算出科学施肥量，然后将施肥量代入吸收量的报酬递减规律函数得出肥料利用率数据。

需要注意的是生物产量的肥料效应报酬递减（养分吸收量的报酬递减）公式和目标收获物产量报酬递减律的公式肯定是不同的。系数也是不一样的。

在研究玉米肥料利用率的时候，肥料利用率的计算一般是包含了籽粒养分吸收量和秸秆养分吸收量，也就是研究的是生物产量对养分的吸收量和施用化肥量的关系，在施肥量相对较少的阶段，生物产量和目标收获物的产量可能呈直线正相关，它们的增长率就会比较一致，当施肥量达到一定程度，不同的营养元素就会表现得不太一致，比如氮素，当氮素用量超过一定数值，玉米籽粒的增长率就会降低，但秸秆的增长量还会增长较多，由于秸秆量的增加而带来的养分无效吸收的变化被计入到肥料利用率当中，可能会产生很大的理解偏差，导致肥料利用率的价值导向偏差。而磷肥、钾肥和氮肥虽然有所不同，但可以肯定的是最大生物产量和籽粒最大产量也不在一个施肥量点上，最大吸收量也不在一个施肥量点上。由此判断养分最大吸收量不一定是目标收获物最大产量时的吸收量。那么研究施肥的目的是为了获得最大的目标收获物产量，所以研究目标收获物的产量和养分吸收量与施肥量的关系才会更符合价值需求。

以玉米为例，茎叶中的钾元素含量是籽粒中钾元素的 2 ～ 3 倍，所以茎叶产量对钾元素的吸收量影响非常大，而根据报酬递减律获得的最大产量施肥量也仅仅是玉米钾元素吸收量的 1/4 ～ 1/3，茎叶产量的增加与减少引起钾元素的吸收量变化很容易就超出施肥量预期被吸收的多少，同样导致肥料利用率试验"失败"。

从玉米生产的养分归还和报酬递减的探讨中已经明确，玉米钾肥最大产量施肥量，只能是满足籽粒带走的养分量，完全不可能满足秸秆带走的养分吸收量。所以在农业生产中必须考虑秸秆养分还田的问题，那么在研究肥料利用率的时候，也应该考虑到秸秆还田后，目标收获物转移走的养分量与施肥量之间的关系可能更具有应用价值。

第六节　施肥管理

施肥管理当然要在施肥原理的指导下进行，同时要细致分析作物的营养需求和肥料的基本性质，而后才能确定具体的管理方法和具体的技术改进。

一、玉米的施肥管理

生产 100kg 玉米籽粒，籽粒吸收 P_2O_5 0.5kg 左右，秸秆需要吸收 P_2O_5 量 0.3kg 左右，每亩生产 600kg 籽粒，籽粒需要吸收 3kg 左右的 P_2O_5，秸秆需要吸收 2kg 左右的 P_2O_5。通常情况下研究养分吸收量，只考虑籽粒和秸秆的养分吸收量，而根系需要的吸收量往往被忽略不计，这至少有两个原因，一是因为根系一般都被留在土壤里，长期来看根系中的养分最终都归还给土壤；二是庞大的根毛组织与土壤结合为一体，根系在与土壤进行物质交换的过程中使得根毛组织组分和土壤组分难以区分，作物根系对养分的需求量，很难准确定量地测量研究。所以将根系所包含的组分视为土壤的一部分，也是研究作物养分需求量的一个较好的处理方法。既然作物根系的养分可以被视为土壤的组分，那么如果长期坚持秸秆还田，那么秸秆中的养分，是否也可以和根系的一样来处理，而被视为土壤组分呢？并不是不可以。对于

91

磷元素来说，在土壤中移动性小，相对十分稳定，不容易流失。因此，对于磷元素的养分管理，就要把精力放在转移走的养分量上。玉米生产长期坚持秸秆还田的地块，按养分归还学说籽粒转移走的养分量就应该是需要归还的量。要想保持土壤肥力，施肥量应该是不能小于籽粒转移走的养分量。通过肥料效应试验，根据报酬递减规律得到的最大产量施肥量，P_2O_5 用量为 3 ～ 5kg，也就是在有效磷含量较高的地块儿，最大产量施肥量和籽粒转移走的养分量是一致的，因此。磷肥的理想用量就应该是在培肥地力的基础上，施肥量保持与籽粒转移走的养分量相一致。目前生产上磷肥用量普遍高于这一标准，要想降低磷肥用量，就需要从改进施肥方法和研究新型肥料入手。种子营养包衣、苗期叶面营养管理、新型高效肥料应用等都可以取代部分用于施入土壤的磷肥用量。从氮、磷、钾三大元素的肥料效应来分析，磷肥的肥料效应是最弱的，施用磷肥的处理与不施用磷肥的空白处理相比较，磷肥对产量的贡献率仅在 10% ～ 20%。由于报酬递减率的存在，那么施用 P_2O_5 用量 4kg 和用量 5kg 之间的产量差异是很小的，这种差异一般都在 3% ～ 5%。这种差异都赶不上喷施一遍叶面肥对产量的影响效应大。所以对于磷肥的应用管理应重点放到减少基肥施入土壤的用量，加强生育期内的叶面营养补充。为了保持土壤中磷素含量，对于籽粒转移走的养分量进行有效的归还是十分必要的，然而限定 P_2O_5 用量约为籽粒的 P_2O_5 吸收量也是必要的，我们所在的农场 P_2O_5 最大产量施肥量为每亩 3 ～ 5kg。这个用量正处于籽粒转移走养分量和籽粒加秸秆吸收量之间这样的一个范围，刚好可以使高含量的土壤保持养分平衡，低含量的土壤得到必要的养分补充。而在黑龙江高纬度高寒地区，最大产量施肥量亩用 P_2O_5 为 5 ～ 8kg，这远远超过了籽粒加秸秆的养分吸收量，经过肥料效应试验研究，最大产量施肥量的确需要那么多，这可能是因为高寒区域春季土壤温度低，土壤本身磷素活化程度低，同时受低温影响作物对磷素吸收能力差所导致的，因此补充足量的磷肥会改善玉米苗期磷素不足所带来的影响。这也是在高寒区域，用磷酸二氢钾拌种和苗期喷施磷钾肥增产效应比温暖区域十分显著的原因。在高纬度高寒地区，通过磷酸二氢钾拌种和叶面补充磷钾营养，综合增产可达 5% ~ 10%。经过田间试验，这两项措施可以在一定程度上影响基肥的最大产量施肥量，降低最大产量施肥量 10% ~ 20%。最大产量施肥量可以由每亩 P_2O_5 用量 7.5kg 下降至 6.5kg 左右。这个试验并不好做，原因是磷肥的肥料效应本身就较小，磷酸二氢钾拌种和叶面喷施磷钾肥在一定程度上带来的增产使籽粒产量发生变化，目标产量的变化，会使最大产量施肥量发生波动，但最终还是可以得出结论最大产量施肥量是可以降低的。然而，降低磷肥用量的结论并没有引起人们足够的重视，但人们更重视增加产量的做法，对于磷酸二氢钾种子二次包衣和叶面喷施磷钾营养被广泛地推广与应用。

对于钾元素的营养管理，可以参照磷素的营养管理思路，每亩玉米籽粒吸收 K_2O 的量 3kg 左右，玉米最大产量施肥量 K_2O 在 3 ~ 5kg 左右，最大产量施肥量就限定了 K_2O 的使用量。玉米秸秆中含有的 K_2O 量是籽粒中的 2 ~ 3 倍，再次强调只有秸秆还田，才能保障土壤中钾素不减少。在玉米不同的生育期，给予叶面补充钾元素，是提高玉米产量有效的营养管理办法，对种子进行营养二次包衣，三叶期、拔节期、大喇叭口期、抽穗期、鼓粒期喷施磷钾元素是营养管理的有效手段。

玉米的氮素营养管理，玉米籽粒＋秸秆 N 养分亩吸收量 8.5kg 左右，最大产量施肥量平均超过 10kg，最大产量施肥量通常是大于籽粒加秸秆养分吸收量的。这主要是因为氮素排入环境的量较多，相当一部分不会被作物吸收利用。对于氮素的营养管理，应该重点放到对玉米的营养监测上。建立起玉米生育进程中高产的营养监测模型，利用现代的技术手段对玉米生长的形态、颜色、叶绿素、蛋白质、氨基酸等指标进行快速准确检测，建立智能化的氮素营养管理模型可能是获得高产和减少化肥用量的有效途径。有人可能会说，那么磷钾元素的营养管理模型就不需要建立了吗？当然不是，只是氮素的形态监测更容易一些。氮素对玉米的形态、颜色的影响十分明显，比较容易监测获得，也有成型的经验模型可参考，也更容易获得，比如农民伯伯到地里一看，就可以判断出玉米缺氮肥了，或者说氮肥用多了，而磷钾元素的丰缺经验就没有那么丰富了，那么随着技术手段的进步，建立智能化的监测系统，建立智慧化的营养管理模型，是未来农业的发展方向，我们可以先从氮肥入手加以研究，逐步完善整体的营养管理系统。

二、水稻的施肥管理

对于水稻的施肥管理，可以参照玉米的管理方法，但水稻的营养管理结合水分的排灌管理，使之已经比玉米的营养管理更精准，叶龄诊断的管理体系已经基本实现了氮肥实时监测的管理办法。在水稻生产上基本实现了缺氮肥就能及时补充上，如果发现过量了，也能及时通过排水和晒田，将氮肥排走。目前水稻生产从提高产量来看，营养管理水平已经很高，但从肥料排放的角度来看，大量冗余的化肥排入环境，造成巨大生态压力，是不能被褒扬的。水田施肥研究重点应放在减少排放、减少污染的课题上来加以研究。除了化肥的排放需要研究，顺便说一句，水田农药大量的排入水体，对于生态环境的破坏也是应该引起足够重视的。在水田上建立精准的营养管理体系，应用新型肥料产品是获得高产的有效途径，建立科学的排灌管理体系是降低污染和减少浪费的途径。

三、大豆的施肥管理

大豆的施肥管理与玉米的施肥管理有所不同，除了氮素管理存在根瘤菌固氮的特殊性。磷钾营养管理也不一样，大豆籽粒中所含钾元素很高，在每亩 200kg 产量的水平下，籽粒需要吸收 4kg 左右的 K_2O，但是肥料效应试验表明，最大产量施肥量不能超过 3kg 的用量，一旦超过这个数值，减产效应十分明显。这可能与大豆对土壤盐分敏感度有关，也可能是大豆对钾元素生理生化机制有关。大豆 P_2O_5 最大产量施肥量超过了籽粒加秸秆的养分吸收量，降低磷肥用量，有减产趋势，这可能并不是大豆本身磷素不足所致，很可能是大豆的盟友根瘤菌或其他需磷机制有关。因此，大豆的磷钾肥的应用还是需要遵照报酬递减率所得到的科学施肥量加以执行。

大豆根瘤菌的固氮功能是大豆得到氮素的主要来源，根瘤菌是活的生命体，其必须在适宜的生长环境下才能迅速地繁殖和成长。大豆根瘤菌只要在适宜的生态环境下，会迅速裂变而呈指数增长。也就是一个根瘤菌裂变成两个根瘤菌，两个裂变为 4 个，4 个裂变为 8 个，在正常土壤当中每立方厘米根瘤菌是以亿级单位存在的，所以是 2 亿个可裂变为 4 亿个。裂变繁殖使其繁殖速度会越来越快，就像我们蒸馒头发面一样，一小勺酵母菌在适宜的环境下 7 ～ 8h，就会长满一大盆。所以，创造优良的根瘤菌适宜的生长环境，比施用根瘤菌对大豆的产量效应还要大很多。

大豆对氮素的需求量非常大，从单位面积上来看，大豆对氮素的需求量已经远远超过了玉米，然而。施肥用氮肥并不是越多越好。

通过田间试验得知，氮肥用量一般在大豆总需氮量的 1/3 左右比较适宜。使用氮肥过多，根瘤数量减少，根瘤固氮能力下降，大豆生育后期物质积累减少，产量下降。然而，施用氮肥过少同样存在根瘤减少、固氮能力减弱的现象。这主要是因为氮素用量过多，会导致大豆的糖分向根瘤转移量过少。据研究根瘤在发育过程当中需要大豆提供糖分，大约需要提供的糖分占大豆总制造糖分的 12% 左右，所以当过量施用氮肥，由于大豆植株吸收氮素过剩消耗过多糖分，导致糖分向根瘤转移减少，因而影响根瘤的生长发育，而化肥尤其是在后期又不能为大豆持续供应氮素，因而影响产量。那么施用氮肥过少，根瘤因为缺少氮素也会发育不良，根瘤当中用于固定氮素的钼铁蛋白以及其他蛋白酶的合成需要较多的氮素参与才能进行，而大豆早期的根瘤还没有发育成熟不具备固氮能力，如果没有氮肥的营养元素参与就不能构建形成根瘤的固氮能力。就像一个刚要创业的企业家必须先把获得的较少的食物和财富分给合伙人，然后这个合伙人成长以后会给他带来更多的食物和财富，而且这种结局在大豆和根瘤菌之间是十分稳定和保险的。所以适宜的氮肥用量也是创造根瘤适宜生长环境的重要组成部分，过多和过少都是不利的。大豆科学轮作所带来的产量增加一般都在 10% ～ 30%；应用钼酸铵肥料对大豆进行拌种或叶面喷施钼酸铵，促进大豆根瘤固氮，可增加大豆产量 8% ～ 30%。这些措施增产效应都十分显著，这些都与创造根瘤菌适宜的生长环境促进根瘤发育有直接关系。大豆的氮素营养管理从改善根瘤菌生长环境和促进根瘤发育方面入手研究，其增产潜力是非常大的。

种植豆科植物，根瘤在成长和发育过程中向土壤代谢释放大量的含氮有机物，以及更新迭代的组织脱落，都会增加土壤含氮有机物的含量，难怪古人早就已经知道种植豆科作物可以"熟土壤而肥沃之"。经过对土壤养分化验分析，种植大豆的耕地碱解氮含量的确有增加的趋势。

第三章

被扼杀的"地下商业贸易"

就在我身边，有一位勤劳的农民，十年前种水稻在育苗过程中经常遇到病害发生，立枯病、恶苗病、青枯病等，通常的做法是向苗床上喷洒大量的杀菌剂或在育苗前向苗床土里拌上大量的杀菌剂，有一天他突发奇想，用高温给土壤消消毒，不就可以省去向苗床上喷洒杀虫剂和杀菌剂了吗。说干就干，于是他秋季预备了一车肥沃的土壤，利用冬季几个月的时间，每天用加热的大锅翻炒那些预备好的土壤，为了能够杀菌杀虫彻底一些，几乎每锅都炒到有烟冒出来才停止，育苗的时候到了，这一车土壤单独做了一个苗床，杀菌剂和杀虫剂都不用了，化学肥料还是正常用的，撒下希望的种子，满心欢喜地等待苗壮的稻苗出现。然而一天天过去，结果是希望一天天破灭，其他苗床的稻苗已经绿油油，这个苗床的稻苗迟迟不出，扒开土壤看看种子，稻芽勾勾弯弯，就像得了什么从没见过的怪病，又过了几天，好不容易出来了几棵，十分瘦弱，毫无生机。

对于没有深刻理解土壤生命的农民来说，这个是解释不了的。土壤生命有两层含义，第一层含义是指土壤当中含有大量的生命体，一小羹匙正常的土壤大约含有 100 亿个左右的生命体，超过了全球人类的个体数量，是巨大的生命王国，土壤中孕育着地球上 50% 的生物。健康的土壤中生活着蚯蚓、线虫、20～30 种螨虫、50～100 种昆虫、数百种真菌、数千种细菌和放线菌；第二层含义是土壤当中的生命集群构成的稳定生态系统是最重要的土壤基本属性之一，可以认为是土壤的生命，如果没有这些复杂的生物集群构成的生态系统，实质上也就失去了土壤的生命，土壤就失去了基本的土壤属性——土壤肥力，可以认为是变成土壤的尸体，甚至可以认为不再是土壤，而是石头、砂粒或其他的矿物颗粒的碎屑集合体。复杂的生物体集群相互作用，共同实现着土壤的基础功能。健康的土壤生物多样性不仅可以增强对干扰和压力的抵抗力和韧性，还可以增强生态系统抑制病害的能力。如果土壤的生态系统遭到毁灭性的破坏，比如用火烧或烤或者其他一切导致大量土壤生物死亡的措施，都会使土壤失去应有的生态功能，丧失给植物供应营养的能力——土壤肥力。这就是被火炙烤过的土壤不能长出健康稻苗的原因。

我们通常的看法，健康的土壤是土壤有机体、有机物质和矿物质特定的混合物，但我们不能忽视的是在混合物当中拥有着庞大的生命王国，正是这庞大生命王国的正常运转才使得土壤能够为植物提供良好的生长条件和营养物质。同样的，自然界的植物也通过新陈代谢和生老病死滋养着土壤当中庞大的生命王国。比如，植物与菌根真菌之间就是非常要好的合作伙伴，第一批陆生植物是在大约 4.5 亿年以前进化而来的，它们从一开始就找到了菌根真菌作为合作伙伴，这些菌根真菌与植物的根系紧紧相连，菌根真菌可以吸收土壤溶液中的营养物质直接供应植物生长，植物根系的分泌物同样可以滋养菌根真菌茁壮成长，提高为植物供应营养的能力；同样地，植物根系舍弃的死细胞只会存在很短的时间，随即就会被微生物吞噬，从而促进微生物繁殖和生长，而微生物产生的代谢产物，包括促进植物生长的激素和促进植物健康或者是帮助植物抵御疾病的化合物则十分有利于植物本身的健康成长；植物周期性地脱落死根和枯枝落叶等也有些形成了稳定的富含碳的沉积物质，这些物质反过来又有助于在根际附近富含生物的区域形成有益菌群，这些有益菌群达到临界微生物密度，寄居在根际的细菌在促进植物生长方面更为有效，从而引发了一种称为群体感应（quorum sensing，QS）的效应。当有足够多的合适的细菌存在时，它们协同作用释放有助于促进植物生长的化合物。有人把这个比作繁荣的"地下商业贸易"，地下的所有生命从中获得互惠互利。

但当土壤微生物的数量下降得过低，它们则会停止群体感应的过程，导致不能够产生刺激植物生长的各种化合物，也就停止了"地下商业贸易"，可以想象，如果你周围500km范围内的超市、饭店、加油站等一切商业贸易都因为没有物资而停止，你将预见怎样生活的场景，如果没有人出来维持秩序并输入物资，一定会天下大乱，甚至危及每一个生命。那位勤劳的农民朋友是杀死了土壤的"地下商业贸易者"从而导致的贸易停止和物资匮乏。难怪稻苗像得了从没见过的怪病。

换句话说，只有在种类和数量上有足够多的土壤微生物存在的情况下，才会对植物生长产生有利的影响，而植物反过来又会为微生物提供有利于它们生存和繁衍的分泌物。因此，通过排出足够多的分泌物到土壤中，植物能够培养出独特的微生物种群，这些微生物生成有益于植物的化合物，所以地下生物的复杂性和适应性实际上是地面生物的反映。植物吸引和喂养特定的微生物和真菌群落，正如花粉和传粉者之间的关系一样。土壤中细菌最多的地方在哪儿？在它的食物那儿，当然就是植物的根系周围。食菌原生生物和线虫最活跃的地方在哪儿？和细菌一样，当然也是根系周围。这是土壤食物链中的另一环节，当腐生真菌和细菌消耗有机物质之后，它们就变得富含养分，自然也就成为捕食性的节肢动物、线虫和原生动物的盛宴，然后这些养分又以植物可利用的形态返回土壤中。由于这些微小的掠食者的排泄物富含有氮、磷、钾和其他铁、锰、铜、钼、锌、硼等必需的微量元素。因此它们是良好的养分肥料制造者。不仅植物生长需要它们，人类生长也同样需要它们。

就像现在的植物一样，最早的植物也会周期性地脱落死根和叶子，最终死去。所有的有机物质都变成了土壤生物的食物，然后土壤生物从矿质土壤中吸收更多养分，同时将这些已经死掉的物质再次循环变成植物可以吸收利用的养分。植物越多，有机物质越多，土壤也就更肥沃。长此以往，植物便很快覆盖了除裸岩、极端干燥或者终年覆盖冰雪景观之外的所有地方。为什么植物与菌根真菌的协作至关重要？思考一下植物是从哪儿获取重要组成元素就会理解。植物利用太阳能将空气中的二氧化碳与水中的氢结合起来制造碳水化合物；在寄居特定根瘤上的固氮细菌的作用下实现对氮的吸收，植物既可以间接地从空气中获取氮，也可以直接地从根部吸收氮元素。其他植物生长所需的营养来自岩石和腐烂的有机物。菌根真菌和土壤微生物从土壤颗粒和岩石碎块中提取所需的营养物质，帮助分解有机物质成为植物能够通过根部吸收的可溶态养分。然而，我们还需要深入了解的是，植物根并不只起简单的"吸管"作用，它们就像经过精心调控的物质交换的双向轨道。植物在土壤中释放多种富含碳的有机分子，这些分子可以占到光合作用生成的碳水化合物总量的 1/3 以上。在大多数情况下，这些分泌物含有蛋白质和碳水化合物（糖类），为土壤微生物提供了诱人（引诱微生物）的食物来源。通过这种方式，植物根系喂养了从土壤中吸收养分的真菌和微生物，真菌和微生物帮助植物从岩石碎屑内的晶体结构和有机物质中吸收养分。当有足够多的微生物存在时，根系分泌物存在的时间不会太久，微生物在几小时内就可以同化并吸收根系分泌物，以其他形式再改造和重新释放它们。此外，在土壤细菌的帮助下，某些菌根真菌可以利用细长的像根一样的菌丝从岩石和腐烂的有机物中寻找某些具有生物价值的元素，比如磷元素，然后它们用植物可利用的形态回收元素并释放分泌物。这样就建立了上述的双向轨道，双方都可以从这些的地下"商业贸易"中获得互惠。同样地，植物根系舍弃的死细胞只会存在很短的时间，随即就会被微生物吞噬并使其再生。由此产生的微生物代谢产物包括促进植物生长的激素和促进植物健康或者是帮助植物抵御疾病的化合物。也有些形成了稳定的富含碳的沉积物质，这些物质反过来又有助于在根际附近富含生物的区域形成有益菌群。在形成多数矿物源的植物可利用元素这一过程的每一步中，微生物都紧密地参与其中，起这样作用的微生物数目越多，植物可利用的养分就越多。大部分的土壤都有足够多的营养元素来供给健康的植物生长，只要这些元素不被矿物颗粒和有机物质束缚，并且是以植物可吸收的形态存在，这正是微生物的工作，微生物促进了一系列必需营养元素的释放，从而被植物吸收。土壤中的微生物就像小小化学家一样，将养分转化为植物可利用的形态。但是在缺乏生物体的土壤中，大量的营养元素仍然停留在根系可达的范围之外，就像一艘搁浅在远离港口的船只上的货物一样。从细菌到甲虫，土壤里的生命集群形成一个庞大的地下社区，它们分解有机物，生成有机副产品和富含氮及矿物质元素的代谢物。土壤中的生物也会影响植物自身的防御能力。当昆虫或者食草动物食用植物时一些植物会分泌出促进根际微生物代谢的化合物，然后植物利用这些微生物的代谢产物来驱赶食草动物。换句话说，植物将驱虫剂的生产"外包"给了那些通过根系分泌物获得养分的微生物。当根际圈都是有益微生物时，害虫或者是病原体就很难挤入这一拥挤的区域。岩石风化的缓慢速度和地球表面关键元素有限的生物有效性，意味着这些元素的再循环对植物生长和维持生物多样性至关重要。土壤中的生物不仅驱动着陆生生命的巨轮，它还会为新生命的形成获取和贮存必需的营养物质，防止它们从土壤中流失。所以我们施用的化肥元素只有进入土壤的生命循环才能真正地被土壤保存。

有人认为陆地上的生命历史是一个关于植物利用太阳能、微生物进行矿化和养分循环协同作用的历史。土壤在我们的星球上形成一层薄薄的皮肤，就像一片放大版的苔藓覆盖着高山上的岩石，这些苔藓部分是活的，部分已经死亡，厚度从几厘米到几米不等。土壤只占据半径为 6 370km 的地球表面薄薄的一层，对生物而言它的比例却与它的重要性不符。由岩石风化形成的富含生命气息的疏松土壤覆盖层是我们宜居地球的决定性因素，那么守护好土壤的命运就是在守护人类的命运，保卫土壤中繁荣的"地下商业贸易"就是在保卫人类宜居的地球。

那位农民虽然无意间扼杀了"地下商业贸易"，但他的确是一个勤奋好学的人，很快他就明白了其中的道理，自那以后走出了一条值得褒扬的新路，他的具体做法是，第一、他每年收集大量的牛粪、玉米秸秆、稻草、豆秸、稻壳、树叶等进行堆肥，腐熟好以后撒到田地里，土壤越来越肥沃；第二，他每天都在收集大量的被遗弃的水果和蔬菜进行发酵，然后向稻苗喷撒这些植物发酵液，以补充营养，称呼这个植物发酵液为"酵素"，称呼生产出来的大米为酵素大米，近几年他们靠这种有机大米获得了不菲的收入。他种植了 6hm^2 的水田，他的农田已经有十年没有用过农药和化肥，而且从那以后他的稻苗再也没有得过病害，就连害虫也都很少光顾。他的做法使已经退化的农田土壤重获生机。

然而有意无意间扼杀"地下商业贸易"的做法绝大部分还真不是像那位农民一样用热锅去炙烤，扼杀"地下商业贸易"的手段可不只是一种，从现代农业生产来看至少有以下几种：过度依赖和应用化肥，过度施用除草剂、杀虫剂、杀菌剂，过度机械耕作，之所以都加上"过度"两个字，只是为了使一部分人心里好受一点，可以用"我还没达到过度的标准"来自我安慰一下，还有秸秆打包离田、焚烧秸秆等行为都是"地下商业贸易"的致命杀手。

在讨论肥料利用率时提到，施肥的效应在一定程度上并不是化肥本身被吸收带来的结果，而是通过某些机制促进作物增加或减少地吸收了土壤当中的营养成分，这其中也有肥料会直接或间接促进某些有益微生物的繁殖与生长，从而促进作物的养分吸收，那么这可能是有利的一面。然而过量施用化肥也有可能带来一些不利的影响，比如过量的氮肥导致土壤溶液浓度升高，导致土壤微生物群落结构改变，致使土壤酸化，并损害有益微生物的生存。尽管农作物可以通过化肥获取氮，但当土壤中适宜的微生物没有在附近发挥作用时，那些已经被微生物转化成有效态的养分仍难以被植物吸收。当植物从化肥中免费获得所需的大量营养成分时，它们就会停止分泌根系分泌物，不给根际圈微生物提供这一重要的食物来源。这有可能使农作物变成了"植物懒虫"，接着就是促使退化的农田过度依赖于化肥。这也意味着，尽管植物可以获得其生长需要的某些主要元素，但它们却失去了帮助它们获得健康生长所必需的矿物质微量元素以及促进植物生长的激素和促进植物健康或者是帮助植物抵御疾病的化合物，甚至失去能抵御害虫和病原体的微生物盟友。这也是目前大部分农田为什么表现为肥力下降、病虫害加重的一个重要原因。

除草剂的研究与发明的目标是为了杀死被认为有害的植物，然而多数除草剂除了能够杀死植物，也能够杀死动物与微生物。乙草胺是被广泛使用的除草剂之一，被广泛用于玉米、棉花、豆类、花生、马铃薯、油菜、大蒜、烟草、向日葵、蓖麻、大葱等作物种植上。然而据张彬彬在滨州医学院学报 2008 年 2 月第 31 卷第 1 期发表的《乙草胺对生物的急性毒理研究》，研究了乙草胺对泥鳅的毒理机制，其中描述到"泥鳅在乙草胺中的染毒试验反应泥鳅在放入染毒液后呈现不安游动和上窜的现象，几分钟后趋于平静。浓度越高，不安现象越长。5h 后泥鳅个体开始出现上颌溃烂，有的出现大量出血点、肛门外翻、体壁变薄等体表变化。死前 1min 左右围绕缸壁做剧烈运动，继而死亡。死后体表出现黏液，但全身未见充血现象。"莠去津（Atrazine，阿特拉津）也是目前世界上应用最广泛的化学除草剂之一，成本低、除草效果好，广泛用于玉米、高粱、果园和林地等，通过对莠去津对生物毒性研究，其能在水生生物体内产生富集，对水体中的低等动物毒性极大，对水生动物和两栖动物产生某些生殖毒性。将蝌蚪放在含有不同浓度莠去津的水中饲养，能导致青蛙产生雌雄同体现象，将雄性青蛙放在含莠去津的水中观察，青蛙体内睾丸激素的浓度显著下降；莠去津严重破坏内分泌系统，干扰内分泌功能，引起激素的不平衡，减弱黄体酮类激素的作用，从而影响了排卵；莠去津能导致母体子宫肿瘤发生率的增加，长期接触莠去津会导致哺乳动物早期卵巢癌和乳腺癌的发生；莠去津对人类和哺乳动物有中等的毒性，它可以通过口、皮肤和呼吸道进入人体，进入血液，常常能引起腹痛、腹泻呕吐，刺激眼睛、黏膜和皮肤；研究发现莠去津除了对水生生物、两栖动物和哺乳动物产生危害之外，还会对蚯蚓和微生物等土壤生物产生毒害作用，或者对其繁殖产生影响。

杀虫剂的研究与发明的目标是为了杀死被认为危害到人类利益的昆虫，然而事实上，正如蕾切尔·卡逊（Rachel Carson）在《寂静的春天》中所描述，"聪明的人类，怎么可能为了杀灭一小撮不受欢迎的昆虫而选择污染整个环境，给自己招致疾病和死亡的威胁呢？人类偏偏就这么做了。"海量的毒药洒向地球表面,它们不应该叫'杀虫剂',而应该叫'杀生剂'",的确如此,目前我们的杀虫剂大多数是不具有精准选择性的,多数为广谱性杀虫剂,如果使用不当,或盲目过量使用,真的会给土壤带来严重的污染和生态环境的破坏!如果流入水体,则可能直接危害到人们的身体健康和生命安全!

杀菌剂的应用直接成为针对土壤中真菌、细菌、放线菌的杀手锏,多数杀菌剂也不是有针对性地杀菌,同样扮演着'杀生剂'的角色,当达到一定浓度同样对大量的动物、植物、藻类造成致命的伤害。即使没有致死,但拖着病病恹恹的身体如何开展"地下商业贸易"呢!

过量施用除草剂、杀虫剂、杀菌剂,使每立方厘米上百亿个土壤生物个体泡在有毒的药剂里,生存都是问题,哪还能有繁荣的"地下商业贸易"呢!甚至是有的药剂直接或间接杀死了商业链条上的某个重要主体,直接导致链条断裂,根本使"贸易"无法进行。

过度机械耕作也是导致耕地土壤肥力下降的一个重要原因,比较引起关注的是土壤的侵蚀问题,过度耕作会引起风蚀、水蚀的加重,使表层肥沃的土壤流失,土层变薄导致生产力下降。还有一个值得关注的问题是土壤生物的生存受到机械过度耕作的干扰,导致大量生物的死亡,现代机械过于强大,是人类生产力得到提高的重要表现之一,给人类的生活带来天翻地覆的变化,同时对于耕地土壤生物来说也是带来了天翻地覆的灾难。高速旋耕犁的应用,走过的地方蚯蚓基本没有存活的可能;翻地大犁的应用,原本生活在 20cm 深处的细菌真菌直接被翻转上来暴露在太阳的紫外线下就此消亡;大型机械碾压的地方,土壤中的小动物们基本处于倒霉的状态,有的直接被碾压致死,有的无法在这样的环境下生存而慢慢消亡。

秸秆的不得当处理也是土壤微生物减少的重要原因,秸秆打包离田，带走的不只是作物需要的养分，带走的更是土壤生物的食物，当然可能并不是所有的生物都需要以秸秆作为食物，但在庞大的"地下商业贸易"链条中必然有大量的生物以秸秆作为食物，缺少食物的贸易链条必然会逐渐走向萧条。在食物匮乏的年代自诩文明的人类都遵从自然法则进行了相互戕害的持久战争，对于土壤生物来说食物匮乏所带来的竞争压力也会遵从自然法则而淘汰大量的生命个体。和一个农民一起讨论土壤生物的时候，对于焚烧秸秆的看法，最直接和最实在的说法就是："不光是把人家的食物给烧了，还把人家的家也给烧了！"

地球上在人类历史之前曾经发生过 5 次物种大灭绝，而我们正处于第六次物种大灭绝之中，而这第六次是人类造成的。人类造成的生物灭绝大体上可分为三波，一波比一波令人震惊，第一波的生物灭绝浪潮是由采集者的扩张所带来的，人类历史约有 250 万年，在 7 万年以前的 200 多万年岁月里，人类虽然逐渐走向食物链的顶端，但相较之下，对整个生态系统的影响并没有比狮子和大象的影响更大，然而自 7 万年前的认知革命开始，人类大大提升扩张能力和扩张进程，开启了"人类世"第一波生物大灭绝，据研究在 7 万年前的认知革命发生的时候地球上大约有 200 属体重超过 50kg 的大型陆生哺乳类动物，到狩猎采集时代后期和农耕时代早期，也就是大约 1.2 万年前，地球上这样的哺乳动物减少到约 100 个属，也就是说远在人类还没有发明轮子、文字和铁器之前，智人利用 6 万年的时间使全球大约一半的大型兽类魂归西天，就此灭绝。其中包括 4.5 万年前智人到达澳大利亚，澳大利亚的巨大的蜥蜴、袋熊、巨型袋鼠和不会飞的鸟很快被消灭；1.6 万年前智人到达美洲，美洲的乳齿象、猛犸象、剑齿虎等，大陆上 3/4 的大型动物物种在"更新世大灭绝"中消失殆尽，可以说这一波生物灭绝是地球上陆生动物的厄运，这时人类消灭剑齿虎和猛犸象的能力远远超出了狮子消灭羚羊的能力，就连能够轻松对付凶猛狮子的硕壮尼安德特人也可能是被智人轻松击败并就此消失；接着第二波的灭绝浪潮则是因为1.2万年前开始的农业革命，农业的迅速扩张，本来是野生动植物的家园被一场大火改造成只有小麦的粮田，除了被驯化的动植物在数量上得到扩张，其他动植物种类及数量都迅速减少，大部分就此灭绝；而第三波灭绝浪潮则开始于200年前的工业革命，动植物更是大规模灭种，其速度远远超过前两波。第三波生物大灭绝所带来的是全球生物的厄运，极有可能也是人类本身的厄运。根据10年来对全世界哺乳类动物状况的一项最新评估，全世界哺乳类动物当中25%的物种面临灭绝危险。"濒危物种红色名单"显示，世界一半多哺乳类物种的数量在减少。

对于生物大灭绝大多数人可能关心的都是能够看得到或能够想象得到的生物，而对于土壤当中1cm³就包含着的一百多亿个生命体，绝大部分人是没看到过，可能也很难想象得到。农业革命之前的第一波灭绝浪潮，人们消灭的生物多数是人类能够看得到摸得着的生物，比如蜥蜴、袋熊、巨型袋鼠、猛犸象、剑齿虎等；第二波灭绝浪潮则因为农业革命而引起，一场大火烧死的可不只是兔子和蒿草之类的生物，况且是不停地被点燃的大火，被烧死的看不见的生命体可能要远远多于看得见的生命体，由于农业革命的发生发展，土壤之中的生命体也跟着步入了"人类世"改天换地的时代，人们可能比较关心由于对耕地的管理不善导致古老的苏美尔文明的衰落，但人们可能很少考虑苏美尔文明的衰落是耕地土壤当中"地下商业贸易"的衰落过程；第三波灭绝浪潮开始于200年前的工业革命，人类改变自然的能力不仅发展到前所未有的程度，人类向空气、土地、河流与海洋中排放了大量危险的，甚至剧毒的污染物，对环境造成了巨大的伤害，喷洒在农田、森林或花园中的化学农药也会长期积存在土壤中，侵入生物机体，在生物链中迁移，进而引发一系列的中毒和死亡，导致大批看得到和看不到的生物走向灭亡，这可远远超过了农业革命的大火和不善管理耕地所带来的生命灾难。第二波生物灭绝对土壤里的生命体来说影响还是相对缓和的，对"地下商业贸易"的影响过程可能也是无意间和缓慢的影响；而第三波生物灭绝则是通过化肥、农药、大型机械最大限度的应用而对土壤生命体造成最直接和最迅速的作用，甚至直接导致耕地土壤"地下商业贸易"被直接和迅速地扼杀。发明了"生物多样性"这么个词的爱德华·欧·威尔逊是这样说的："人类迄今饰演的是星球杀手的角色，只关心自己的短期生存利益，而极大地损害了生物的多样性。"

我们需要明白土壤肥力的运作机制，了解土壤"地下商业贸易"的重要性，土壤有机质在作物健康生长和维持丰收中起着核心作用，这是有生物学基础的，不仅仅肥料起着化学和物理作用，微生物所驱动的土壤生态学和养分循环也十分重要，所以，即使当标准的土壤化学检测结果表明你的土壤需要添加肥料的时候，也是需要足够且适宜的土壤生物群落才可以为植物生长提供所需的营养成分。长期过量地施用化肥，而不重视土壤有机物的归还，是以牺牲长期土壤肥力和土壤健康为代价，只获取了短期的作物产量。化肥和农药过度依赖性地过量地施用是很愚蠢的行为。

峰值效应用来分析土壤恶化也是适用，土壤的退化也是难以察觉的。土壤那些缓慢发生的变化短期不会有明显的迹象，好像一切都很正常，但几十年甚至更长时间突然有一天，整个系统开始发生剧变，不可逆转地进入另一状态，也就难以恢复。苏美尔文明的灭亡可不是

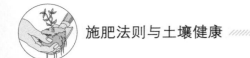

一朝一夕就出现的诟病，是经过几百年上千年地过度向耕地索取导致的土壤退化，当时就一定有人说："一定是人们做错了什么，导致天神震怒，使那里成为不毛之地"，现在看来确实是人们做错了什么，但并不是天神震怒，而是峰值效应导致土壤自然生态系统的崩溃才使那里的耕地成为不毛之地。

我们需要认真研究生产系统中存在的问题和风险，解决问题规避风险，保障系统能够持久地发展和运行。我们也需要了解一下自然土壤如何走向繁荣，和自然系统进行比较，研究生产系统中存在的和不该存在的因素，认真分析每个因素的利与弊，才能做出正确的决策。

第四章
耕地土壤的消亡

在我上小学的时候，家里养了十几只绵羊，放学以后或假期，放羊就成了我的工作，把羊赶到山村前面的小山坡上，没有草场，只能紧跟着羊群在灌木丛中穿梭，必须紧跟着，还需要经常查一查数量，要不然很容易就会把羊给放丢了，有时候只能看到几只，其他的藏在灌木丛中，也有偷偷跑到别处的时候。茂盛的灌木丛制造了我放羊的最大困难和阻碍。在灌木丛下面是一层枯枝落叶，落叶下面是黑油油的腐殖土，家里养花那可是上好的土壤，我也曾经用箩筐取回来在家里养花用。我那时曾经问过父亲，这些肥沃的土壤是从哪里来的，父亲的解答是，那些枯枝落叶腐烂以后就形成了这些肥沃的土壤。几十年过去了，当我再次回到那个小山村的时候，那里发生了很大的变化，甚至是令人震惊的变化，那个小山坡上已经没有灌木丛了，黝黑的腐殖土已经消失了，裸露出来发黄的沙土和黄色风化石头以及灰色的岩石。这个小山坡曾经被开垦成耕地，但种了几年后，水土流失严重，地力下降，不能再进行耕种了，现在能耕种的只剩下山顶上那一小块较平的地方了，那里曾是我放羊经常到达的地方，当时那里还没有耕地，有几块非常大的黑灰色的岩石，站到大石头上可以看到小山村的全貌以及远处的山岭，后来才学会可以用会当凌绝顶的词语来形容那种感觉。上高中和大学假期的时候，也曾注意到山坡上的树木被砍伐，也看到有人在打地场子（为开垦耕地清理树木及杂草），我隐隐感觉那可不是好事情。在我小的时候也曾经随父亲打过地场子，也开垦过荒地，新开垦的耕地不用施任何肥料就可以长出很好的庄稼，因为我们都知道肥沃的腐殖土可以为庄稼提供充足的养分，然而过上三四年的时间就会发现，坡度大的地方黑土变成黄土，庄稼长得越来越差，即使相对较平的地方，土壤也不像原来的那样黝黑了，如果不施用肥料就很难获得较高的产量。那个小山坡虽然不是很大，但那个坡度依然是比较陡的，按我当时的判断是不应该被开垦成耕地的，现在看来那个判断是正确的。2023年的暴雨形成的泥石流就是从那个山坡上流下来的，差点把亲戚家的房屋冲毁，好在院墙及时倒塌，泥石流改变了方向，冲向了其他的地方。发生泥石流以后，全村的住户都因为院墙的倒塌和道路的损毁而愤恨和抱怨，一方面指责和谩骂那个在村前山坡上开荒种地的人，另一方面抱怨天气的恶劣。但村里的人都清楚在山坡上开荒种地的人可不只是那一个被谩骂的人，村里面种地的人几乎都在山坡上开垦过荒地，只是没在村前面山坡上开荒种地而已。事实上其他的山坡也发生了泥石流，冲毁了田地和道路。家乡小山村那些山坡上曾经肥沃的土壤正在走向消亡，和古罗马的土壤命运一样走向悲凉。

后来我才知道我的岳父曾经在农场是位开荒能手，他是一位地地道道而且倔强的农民，据说年轻时开垦了不少的山地，由于国营农场的农机实力很强，他所开垦荒地的效率远超过小山村村民开垦效率，我问他开了多少荒地，他始终不说。我岳父今年72岁，20年前他种植了一片人工林，大约有十几公顷的样子，他在林子中间盖了一间砖瓦结构的房屋，现在冬夏都住在那里，为的就是守护着那片人工林，全家人和岳母都劝他到城镇里居住，但他还是倔强地坚守在那里。每当听到狗叫，岳父都会围绕着林子巡视一下，我曾经亲眼见到他驱赶到林中偷挖土壤的人。他说："这样好的土在附近找不到了，经常有人来偷挖林子里的土。"20年前我曾经参与过这片树林的栽植，当时还是耕地，土壤并不好，呈黄白色，用铁锹挖下去，感觉非常的板结和坚硬，这块耕地是 20 世纪 80 年代开垦的，据说前五年庄稼长得非常好，后来就一年不如一年了，到 20 世纪末这块地被列为劣等耕地，我岳父申请在这片耕地上植树造林并得到批准。二十多年过去了，林子下面厚厚的枯枝落叶，踩上去软软的感觉，枯枝落叶下面是黑油油的土壤。树林里的土壤正在逐渐恢复生机，并且已经引起那些盗采者的注意。

肥沃的土壤是怎么来的，理解这个很重要，我们如何重建肥沃的土壤就必须了解肥沃的土壤是怎么来的；同时为了避免肥沃的土壤走向消亡，需要我们充分了解肥沃的土壤是怎么消亡的。

父亲是一个地地道道的农民，他对肥沃土壤来源的解答是，那些枯枝落叶腐烂以后就形成了这些肥沃的土壤。山坡上的灌木丛用自己的枯枝落叶为土壤提供食物，肥沃着自己的土壤，灌木丛会自己产生腐殖质，并提供给自己矿物质。当我们看到一片林地时，我们会发现在地面上一些动植物残体会一直缓慢地累积着，并被真菌和细菌转化成了腐殖质。灌木丛所需的矿物质来自底层土壤和表层腐殖质分解的矿质营养。这些矿质营养溶解在土壤的水中并被深层和浅层的根系吸收，而这些根系也帮助树木将养分以有机物形态固定在土壤中。在深层土壤根系的分布情况及分布方式是为了获取矿物养分。即使在土壤营养元素明显缺乏的情形下，树木也不存在获取足够营养元素的困难。因为树木需要的营养元素，比如磷、钾和其他矿质养分一直是就地吸收和积累的，并通过蒸腾流运输到绿叶中利用，而后这些养分要么用于植株生长，要么以植物残体形式沉积在地表，进一步形成腐殖质，腐殖质再一次被树木根系所利用，所以在灌木丛中表层肥沃黝黑的土壤是长期积累的结果，土壤中的财富是几百年或成千上万年甚至是几亿年积累的结果，所以原始的森林并不会表现出缺少某种营养元素的特征。大自然就是一个优秀的土壤养分管理者，它能把养分有效地储存在土壤库里，在任何地点这些养分都不会造成浪费。像林地一样，草地也会很好地管理自己的土壤，发生降雨，草地上很少或没有土壤流失，径流是清澈的。同样地，腐殖质也会在表层土壤富集。最好的草原地区，不同品种混合生长的草地承载和维持了一个很庞大的生态系统。当早期人们开始垦种时，他们发现这些草原土壤是如此的肥沃，甚至肥沃的土壤厚度比森林土壤还要厚很多，以致好多年没有肥料投入的情形下粮食的产量仍然很高。参与过垦荒开发的人们都深有体会。

而被我们垦荒耕种以后，耕地的土壤就没有那么幸运了，首先没有那么多枯枝落叶回归用于积累养分，甚至人们把仅剩的数量较少的枯枝落叶作为对农业有害的物资运输走和处理掉，看来耕地的土壤变差的一个重要原因就是因为缺少食物的归还而被饿瘦的，可以想象人类对土壤的管理与大自然相比是多么的糟糕。我时常通过一些免费的卫星照片看看家乡的变化，以慰藉思乡之情，忽然有一天发现在村子周围的耕地出现了一些排列整齐的斑点阴影，一开始以为是新建了什么工程，放大了看发现原来是一大捆一大捆的秸秆，据说这一捆秸秆大约两吨重，一方面感慨，落后的小山村也会有大机械进行秸秆打包作业了，另一方面唏嘘耕地土壤的食物被大机械给带走了，土壤的饥饿也需要被关注和关心，这些打包大机械的应用对土壤来说可能是一个新的噩梦。耕地是必须进行耕种的，的确不可能像森林和草地一样积累枯枝落叶，而且人们耕种的目的就是要带走一些目标收获物，最需要强调的是没必要带走的还是应该留给土壤作为部分的食物补充，如果非要带走，那就应该想办法归还给土壤一些必要的食物。

还有一个现象值得研究，就是降雨对土壤的影响，被树叶碰碎的细微水珠通过地表落叶层转变成细薄的水膜缓慢地向地下流动，首先进入腐殖质层，然后进入土壤。这些水分的再分布主要通过两种孔隙途径进行：一是发育良好的团粒结构的孔隙通道，二是由蚯蚓和其他掘穴动物形成的排水及通气管网。灌木丛中的土壤的孔隙度很高，土壤内表面积很大，有助于细薄水膜在土表的缓慢移动。另外，灌木丛中土壤还有丰富的腐殖质可以直接吸收水分，多余的部分缓慢地进入底层土壤。灌木丛中的降雨悉数被储存到土壤当中，其中大部分留在了土壤表层，多余的降雨则缓缓转移到土壤深层，到一定的时候则渗出汇入至小溪和河流。很明显，灌木丛中很少有径流，我放羊的那个小山坡在长满树木的年代从没有发生过泥石流，那时候也曾经发生过暴雨和冰雹，那时我躲在树下（在空旷地带遇到雷雨可不要躲在树下，那样是很危险的，在树林里时也只能躲在树下），尽管全身都淋湿了，而且狂风吹得也是喘不过气来，但是也没有发生泥石流，赶着羊离开山坡的时候，发现山坡上流下来的是涓涓细流，没有带走任何黑色的土壤，尽管坡度较大，也没有发生水土流失的现象。但路过的耕地就不太一样了，垄沟明显被水冲的更深了，甚至有的地方垄台也被冲毁，耕地里流出的是黄色的泥汤，田间路上水流过的地方也沉积了不少的泥沙。很明显耕地土壤又被一场暴雨削去了一层，当时我就有一种懵懂的现在看来可能有点可笑的想法，"如果无数次暴雨，那耕地就会越来越低，慢慢地耕地就成平地了，平地的雨水往哪流啊！"但现在仔细想想，也不是全没有道理，耕地里冲出的土壤到哪里去了，到了更低的地方，更低的地方河流和水库淤积了大量的泥沙，一场暴雨可能还真的需要担心水往哪流的问题。未开垦的荒地腐殖质都聚积在土壤表层，开垦成耕地，最先流失的一定是表层的腐殖质。只有流失没有补充或补充的很少，必然会导致土壤肥力严重下降。

除了降雨对土壤会产生侵蚀，大风同样会对土壤产生侵蚀，大面积的耕地土壤暴露在大风的侵袭下，土壤表层的颗粒会随着风力的增大而由小到大地被吹离地面，表层肥沃的土壤被吹走也是耕地地力退化的一个重要因素。而林地和草地就不会发生这样的现象。

自从农业开始出现以来，土壤退化的连锁反应使曾经繁荣的苏美尔文明的后裔变得一贫如洗。简而言之，大自然形成肥沃土壤的进程十分缓慢，这使得人们一旦疏于保护土地就可能对社会造成毁灭性的后果。与水资源紧缺和森林减少等其他环境问题不同，土壤退化的情景不容易被注意到，因为土壤退化发展得太缓慢，以至于它很少成为紧迫的祸患、然而这就是问题所在！曾经哺育了西方文明的伊甸园般的地方却成为贫穷之地，正说明了历史上最不重视土壤的教训，不保护土壤，社会发展就将难以为继。从古希腊到现代的海地，人类文明因土地肥力下降和肥沃表层土壤流失而衰退的例子屡见不鲜。在某种程度上，这些故事的不同版本在中东、古希腊、古罗马、复活节岛和中美洲同样上演。数千年来，我们以开发土地耕种为生。大多数人将土壤当作天经地义的赏赐，这是可以理解的，因为土壤不会像植物或孩子那样在我们眼前较快地绽放。在现实中，土壤的形成如此缓慢，以至于一场风暴就可以从裸露的刚刚才犁耕过的地表带走需要一个世纪或几个世纪才能形成的土壤。土壤变化需要较长时间才能显现出来，最快也得 3 ～ 5 年。因此，它们的影响表现为一场缓慢的灾难。回顾历史，那些通过侵蚀性的农耕方式而滥用土壤的社会发展都牺牲了他们后代的利益。而现如今，土壤侵蚀和土地肥力退化的双重问题再一次威胁着人类文明的根基。

毕竟大自然形成 1cm 厚肥沃的土壤在合适的条件下也需要 300 年到 500 年的时间，这个过程十分缓慢，而我们却无意中在几代人的时间或几十年的时间就能够将其毁掉，那么到底是几代人的时间还是几十年的时间呢？200年以前的人类社会可以认为是几代人无意识地破坏耕地使之成为不毛之地，但现代社会，人类的力量过于强大，几十年的时间就完全可以做到使某些耕地成为不毛之地。人类对土壤的影响力比过去增强了太多太多，但我们对土壤的管理能力却显得太过滞后。除了地球我们无处可去，那么我们就不能承受重蹈覆辙的后果。长期以来，我们经历了开垦种植、发展或退化的过程，已经失去了许多非常适合长期耕作的土地。我们的技术在飞速发展，对耕地土壤的保护也需要跟上飞速发展的步伐才能真正做到耕地土壤的持续利用。

大自然的植物和动物在照看着它们自己以及生养它们的土壤，大自然从来不需要设计喷雾器并用它喷洒药物来控制病虫害，大自然也不需要疫苗和血清来保护动物。当然所有的病害在森林动植物中都会被发现，但它们都不会大量发生。其透露出的道理是这些动植物即使在体内发现一些病虫害如寄生虫的情形下，通过生物多样化生态功能的平衡作用仍能很好地保护好群体自身。在这里，自然的法则起着决定性作用。大自然推崇着生物多样化，尽可能地截留下雨水，精心呵护着土壤以防止水土流失，她把动植物残体转化为腐殖质，以致没有多余的废物产生，其生物的生长与腐解是平衡的，并最大限度地保持着和积累着土壤的肥力，通过生物多样化动植物保护着自身不受病害影响。

然而在观察众多人类发明的人工农业系统时，令人感慨的是这些自然法则是否得到了广泛的应用？还是正在违背着自然法则走向无可挽回的境地？我们急需遵从自然法则建立科学完备的管理体系，使我们的耕地土壤重获生机。

第五章
理性农业指挥棒

　　革命先辈曾经提出"科学与民主是推动历史前进的两个车轮"，对于科学技术的发展与应用可能普遍都是持支持态度，而对于民主大家在理论上也是支持的，但由于个人意志的不同，大部分人可能觉得自己并没有真正地做主，觉得民主只是一种说辞，而无法真正实现。但事实上，正确的发展观的确需要民主，需要有正确的意识形态及正确的共同价值取向，之所以大家觉得没有实现真正的民主，至少有两方面原因，一方面可能没有掌握全面的信息和知识，觉得别人的决策和自己的意志存在冲突，而自己又无能为力；另一方面，没有建立共同的价值取向，意见真的很难达成一致，所以在没有建立共同价值取向的时候不可能让所有人都实现当家做主。核能源的应用位置和使用方向可能就是最让人担心的科技发展，如果让所有人来投票表决是否发动核战争，除了少数政治野心家之外的绝大多数人可能都会反对核武器应用于战争，因为大家都知道核战争对全人类的威胁有多可怕，有了共同的正确的价值取向，大家的意见和想法趋于一致，民主很容易就能够实现，而且会朝着正确的方向发展。但是如果就施用农药和化肥进行投票表决，就会分成不同的阵营，极端的环保主义者就会坚决反对农药和化肥的应用，而农业投资人就会说："等我做一下成本效益分析，以怎样获得最高的经济效益来决定应该用什么和不用什么"；掌握比较全面农业知识的农学家可能会给出另外的答案，大部分人可能会比较信任农学家的话，但不同的农学家可能也因不同的立场而给出不同的方案。科学和民主从来不应该是孤立的，从历史发展来看科技发展推动着意识形态的改变，而意识形态决定着科技的发展方向和应用位置，正确的意识形态和价值取向可以把科学技术放到正确的位置和引向正确的方向，如果科学没有放到正确的位置和正确的方向将是十分可怕的事情，尤其是具有最后决定权的决策者们，必须掌握更多的更全面的知识和信息用科学的理性思维做出正确的判断。科学技术是中性的，我们的工作应该是共同帮助它最大限度地发挥优势和减少危害，同时要避免它落到那些认为没有任何问题的发烧友手中，而不顾弊病地肆意应用造成无法挽回的破坏，尤其是具有很大权力的决策者，不应该成为那些认为没有任何问题的发烧友。指挥棒在谁的手中，为了什么样的价值目标很重要。

我和父亲用的是镰刀和镐头开垦的耕地，用了一个月左右的时间开垦了大约两亩的耕地，到农场以后，看到了更高效率的开垦耕地的方法，用大型挖掘机挖掉树木，喷洒除草剂，紧跟着大型拖拉机带着农具进行翻地、耙地、平地、起垄，然后就可以播种了，3～5天的时间就可以把上千亩荒地变为可以种植玉米大豆的粮田。这就是科技的力量。这种力量用到不同的位置，就会带来不同的结果。作为理性农业的发展我们必须学会甄别科技的力量应该怎么应用，应用到什么位置，用多大的力度，应用以后会给我们带来什么样的结果，我们还要切实应该知道我们需要的是什么样的结果。

假如我们把生态系统服务看作"天然基础设施"，并且不过分强求经济回报的话，这样的思路对于我们是有益的。森林生态学家赫伯特·博尔曼（Herbert Bormann）曾写过这么一段话，一旦我们砍光了一片森林，"我们就需要找到木材制品的替代品，修建防止水土流失的工程，扩充水库库容，提升空气污染控制技术，安装防洪工事，改善水净化设施，增加空调数量以及修建新的娱乐设施"。事实上有很多人愿意看到砍光一片森林的事情发生，因为这样才能够有更多的机会赚到很多的钱。森林在某些人眼里那就是森林，不会平白无故地产生经济效益。要想保住那片森林，需要怎么做呢？只做要求不过分强求经济回报可能是不够的，稳定的共同价值取向使指挥棒指向即使付出成本也需要保护森林的方向才是正确的，对于土壤健康也应该是如此。

气候科学家斯蒂芬·施奈德"不管你喜欢与否，"他写道，"我们最终是'栖息'在这一个蓝绿色的小星球上。它是唯一的有着舒适的温度、良好的空气和水，以及生活着数亿万生灵的地方。"我们不得不学会地球治理的技艺，包括学会怎么应用技术以及学会怎么去取巧，无论是叫管理公共领地，维护天然基础设施，保护野生环境、生态位构建、生态工程、超大规模园艺，或者是人为盖娅实验，重建土壤健康，人类现在都不得不承担起地球舵手的角色了。那些在地球系统里发挥作用的力量如天文数字一般巨大并且无法想象的复杂，我们的参与必须是细微而且是试探性地，最后的方向是使得地球的生态系统走向稳定。假如我们在合适的时间迈出合适的步子，所有事物还有可能变好。建立共同的价值取向是十分重要的，工人、农民、企业家、领导者、商人等各个阶层的人们在做任何决策和应用某项新技术的时候，都能够首先想到对人类未来命运的影响，而不是只考虑经济收入的时候，地球治理可能就成功一半了。目前的生产基本都是在经济规律的支配下进行的，用经济收入刺激各项活动是社会管理的重要手段，这样操纵经济指挥棒的人或组织就十分重要了。

两吨重的秸秆包，从收集、打捆、装车运输对小山村来说绝对不是小工程，因为我知道小山村还没有那么强大的经济实力一下购买那么多的大型机车。首先得有大的拖拉机，而大的拖拉机并不适合山村绝大部分耕地的农事作业。地块太小，大拖拉机根本施展不开，那里耕地坡度都比较大，大拖拉机的效率和作业质量无法保障，土层薄、石头多的状况，大型农具也无法应用。也确实如此，村里面的确没有能够完成打包的全部机械力量，拖拉机、打包机、吨级插车、大卡车，这些一定都是外来的服务组织完成的，而这些外来的服务组织是被经济利益驱动来的。据说秸秆打包可以获得每亩地 60 元的补贴，而且运到某个地方还能有一笔不小的收入，正因为如此，一到秋天还没有完成收获，田野上已经有秸秆打包机在等待。按一个打包作业人的说法："一台机器一个秋天能赚几万元，比干其他的活赚钱！"从经济运行角度，大型机械进入山村，对山村来说应该属于经济输入，从山村系统来说也是能源和能量的一种强大输入，然而最终山村并没有因此而强大和繁荣，这种能量输入的结果是失去了维持土壤健康的土壤的食物——秸秆，失去了积累到生命体当中的碳，再把这些碳以二氧化碳的形式释放到大气中。听起来好像一个笑话，秸秆的收集与运输排放了地下开采出来的碳（石油），秸秆被运输到某个地方大部分被用于焚烧获取其中的能源。这些都是在经济利益驱动下所完成的。经济指挥棒指引着能量的运行走向，掌握资本投资方向的人如果没有理性分析秸秆对土地有多重要，他们一定认为自己是正确的，帮助农民清理秸秆，农民不用掏钱，农民不用去烧荒，避免了山火发生，不在地里烧秸秆，农民不用辛苦，而且也不会影响高速、机场以及铁路的运行等利处。但这一切与土地的持续应用相比孰重孰轻需要斟酌，况且秸秆还田也不一定非得烧荒，当然秸秆还田也需要投入和打理，但不见得比秸秆离田更浪费能源和资金。目前关于保护性耕作的研究与应用就有较高的呼声。吉林的梨树模式就探讨了秸秆覆盖耕作和免耕播种、条带深松、条带旋耕等保护性耕作的秸秆还田模式，保护性耕作不一定适宜所有的地区和地块，但至少会在相当面积的耕地为土壤健康探索出可行的生产方略，通过保护性耕作实施也能使秸秆离田要解决的几个问题也得以化解。对于土层深厚的国有农场秸秆的翻埋还田也远远比秸秆离田对耕地有利。指挥强大的科技力量进行某项工程，必须谨小慎微，小心探索，尤其涉及脆弱的生态系统和不断恶化的气候系统的科技措施更需谨慎对待。对农业来说，土壤生态系统的稳定和健康更加重要。破坏土壤生态系统的做法需要被限制和逐步禁止，有利于土壤健康的举措应该被提倡和支持。

测土配方施肥是一项以土壤检测为基础运用科学的施肥原理指导施肥的技术体系，我从事这项工作十七年，在推广这项技术时被问得最多的问题就是能节约多少化肥、能省多少钱、能增产多少、能赚多少钱。通过土壤检测调整施肥结构，增产的确是增产的，在调整施肥结构时，那么有的化肥需要少用也就避免了浪费，但也有需要多用的情形，就需要增加部分投入，测土配方施肥技术的应用确实给种植户带来了一定的经济效益，但是这种增产和效益的增加并不是今年比去年增加5%～8%的那种增加，而是与对照相比具有增产效果，也就是不能像经济增长那样要求，每年增长5%～8%式的增长。没有像经济增长式的这种增长，作为经济运行管理者就会感到失望，因为他们想看到的是每年都有新的增长。是啊，谁都不想总拿十年前比邻居家增长10%来炫耀，尤其现在邻居也用了测土配方施肥，可能还加了什么新科技或新产品，已经赶超了我们呢。所以测土配方施肥刚开始应用时，由于带来的经济增长大家都很兴奋，然而时间长了，如果没有新的增长，或者成为常规的公共服务，大家对这件事情可能就会习以为常，甚至毫不关注。而目前测土配方施肥技术推广引起的经济增长更多的可能不在于产量的增长上，而更多的是在于化肥用量的增加上，很多化肥企业都贴上了测土配方施肥的标签，加上铺天盖地的广告，化肥销量不断增加，这种经济增长可能才是多数人想看到的持续增长。曾经和某个知名化肥企业的销售商交谈过，他们的测土施肥实验室是一个功能完备的实验室，设备配置人员配置都比较健全，但谈起施肥指标体系的时候，他很直接也比较专业地进行了解释，没有那种针对具体区域的施肥指标体系，施肥指标体系必须是和当地的生态条件相适应和匹配的，他说化肥企业的销售是面向全国的销售，只能是按大区域的土壤类型进行大配方的分类，具体用量只能是由具体的区域来决定，再有就是没有哪个肥料销售商会劝农民少用化肥。测土配方施肥的施肥指标体系就是需要体现出不同地块的个性化施肥指导，然而这种个性化指导在化肥销售那里会很容易地被利润抹平为无差异地增加用量，经济增长的诱惑使很多人失去理性。目前测土配方施肥的施肥指标体系一般是以经济目标为基础建立的，比如最经济施肥量会获得最好的经济效益，所以测土配方施肥脱离不了经济原理和经济指挥棒而独立存在。然而基于施肥对土壤生态的影响和对地球生态系统及气候环境的影响，需要建立起一整套完备的管理调节机制，这里需要涉及用经济、法律、政策等管理手段。

测土配方施肥本身有一套调节机制，比如高含量土壤需要少施肥，低含量土壤需要多施肥，在玉米生产中钾素高含量土壤的最经济施肥量与籽粒转移走的养分可以相等而达到平衡，秸秆还田情况下，土壤养分不增不减，无损失，而低含量土壤最经济施肥量会高于籽粒转移走的养分，如果秸秆还田和增加有机物投放，提高土壤对速效钾的持有能力，从而使速效钾含量上升，这时经济施肥量就可以下降，当下降到籽粒转移走的养分量时，达到新的平衡使土壤养分不增不减，无损失。这个过程就是培肥地力的过程，这也是测土配方施肥保持土壤肥力的一个机制，这里需要强调的是测土配方施肥不只是单纯指导化肥用量，而是还要明确低含量土壤是需要通过秸秆还田和有机物投放而提高土壤对速效养分的持有力，提高有效养分最大持有限度。只要长期监测，严格按照施肥指标体系施肥、注重最大持有限度的提升，培肥地力的目标是能实现的。然而这种机制的落地就需要经济政策的刺激，法律法规的制约，以及增长目标的调整。首先在经济政策的刺激上需要调整秸秆还田的获利大于秸秆离田的获利，才能刺激给土壤留下更多的食物，有机肥还田的快速获利需要大于有机肥施用的成本才能刺激增加耕地有机肥的投入。对于有利于环境保护和土壤健康的施肥方式能享受到较高的补贴，而不利于环保和土壤健康的生产方式将承担较高的生态成本，将可以刺激科学施肥的推广与应用。对于焚烧秸秆还是需要被禁止的，焚烧秸秆需要付出较多的经济成本将可以抑制焚烧秸秆的持续发生。

城市垃圾的分类处理是十分必要的，处理得当城市垃圾将是巨大的有机肥来源，城市粪尿处理及使用应该引起足够重视，建立城市与农田的封闭循环系统是李比希的梦想，也是霍华德的梦想，是重建土壤健康保持和提升土壤肥力的思路之一。李比希倡导城市与农田循环系统近二百年历史，李比希提出这个倡导的依据是中国和日本的农业几千年经久不衰，就是因为中国农民和日本农民最大限度地收集粪便归还给耕地而保持着农田土壤肥力。但从他提出这一倡导以后的一百多年时间，这一情势发生了戏剧性的转变，化肥工业的兴起直接改变了中国和日本几千年收集粪便的习惯和施肥方式。日本的化肥工业起步较早，所以他们较早地放弃了粪便的使用，直到20世纪60年代日本终于警觉到了耕地土壤由于大量化肥的应用和有机物投入的减少而出现严重退化的问题，这种退化已经严重到威胁到粮食安全的问题，日本政府不得不开始重视土壤检测和有机肥的投入使用。而我国的农业生产在施肥方面正在步日本之后尘，我们的化肥工业发展比日本晚了好几十年，所以放弃粪肥使用也晚了好几十年。

当年我们全国农业学大寨的时候，化肥少得可怜，耕地土壤肥力主要靠的就是粪肥和草肥应用的支撑。当人们在路上看到牛粪或是猪粪、狗粪，高兴地跑过去划上一个圈，这个圈的目的是告诉别人这圈里的牛粪是有主的了，大家也都确实遵守这一规则，于是赶紧跑回家拿铁锹撮回自家的沤粪池里。直到 20 世纪 80 年代农村人还保持着这一习惯。然而随着化肥用量的增加以及化肥使用所表现出的省力、增产、高效率，粪肥逐渐被放弃，这一过程比日本晚了至少四五十年，然而我们正在发生这一过程的时候日本已经认识到这个过程对土壤所造成的危害，并已经开始努力扭转局面。他们是发现了严重问题有了惨痛教训之后而开始改变，我们目前是看到了日本的惨痛教训，也看到了他们的努力扭转的局面，所以我们有机会提前扭转这一局面，但需要的是要有清醒和深刻的认识及理性的判断，在没有惨痛教训的时候能够具有深刻的认识是非常难能可贵的。

当年农业学大寨有一个细节值得推敲，大寨是地处太行山腹地的一个小山村，之前人称"穷山恶水"，耕地不是"远在山上就是险在崖边"。十年九旱，人畜用水都十分紧张，然而盼来一场降雨又造成汪洋一片，山洪暴发。大寨精神确实值得褒扬和赞颂，修路、修渠、修梯田在那样恶劣的条件下仅用双手和镐头做到了"改天换地"，粮食的亩产量由原来的 100kg 提升到 10 年后的 350kg，由原来的连年饥荒转为向国家交粮的楷模。之所以产量提升了三倍最主要的原因有两点，第一点是构建了梯田，控制了水土流失，保护了土壤，当前为了控制水土流失，在坡耕地提倡等高种植的技术模式就是借鉴了梯田的原理；第二点就是施用粪肥培肥了土壤。需要注意的是产量并不是一下子就提高到 350kg，而是用了 10 年时间，培肥土壤可不是一年两年就能实现的。当年没有化肥可用，人畜用水都困难的地区，养殖业也十分落后，全村也就是能数过来的几十头牲畜，那么大寨培肥地力的有机物来源就成了挺有意思和值得推敲的话题。梯田的构建保住了水土，产量的稳定是可以保障的，但要提升土壤肥力没有肥料做支撑是困难的，大寨的人口并不多，加上牲畜所产生的粪肥是十分有限的，但是当党中央号召全国农业学大寨，情势就发生了转变，并不是政府往那里投了多少钱或投了多少物资打造的景区，而是党中央号召学大寨，络绎不绝的参观学习的人群给大寨带来了充足的粪肥。当时政府考虑到大寨的经济状况，做出规定，所有去参观学习的人员，包括领导去指导工作，都要自带伙食，不能给大寨带去负担。这样一来，大寨唯一的额外支出就是多盖几间厕所。这也是他们所非常愿意接受的，这样一来大寨的土壤接受了外来能量和物质的输入而变得越来越肥沃。这里需要深刻理解外来能量与物质输入为大寨土壤带来肥沃的逻辑，而李比希在描述日本通过施用粪肥而肥沃农田的历史时也描述了同样的案例，在海港大量的鱼虾直接或间接转化成肥料而肥沃了土壤，人们通过渔业将海里的物质和能量引向了耕地而肥沃了土壤，这是一个十分有意义的逻辑。由此看来施用化肥同样也是物质和能量向耕地的一种输入，是通过工业手段将地下和空气中的物质和能量输送给了土壤，理论上应该给土壤带来肥沃和繁荣，如果没达到这一目的，那一定是某些环节出了问题，比如秸秆离田或焚烧秸秆可能就是比较严重的错误，过分追求短期效益而掠夺式经营可能也是其中的原因，过分依赖化肥而盲目增加用量也会破坏土壤，就像目前很多人因进食糖分过量而得糖尿病一样。我们需要做的是如何使这些能量输入帮助土壤变得更肥沃。曾经有人研究由于农业生产的发展产量迅速提高，农田每年生产的有机物是逐步升高的，由此每年能够固持的二氧化碳量是增加的，这其中也有化肥所做出的很大贡献，问题在于这些有机物绝大部分没有用于肥沃土壤。也有人研究由于大气变暖，森林的生长速度也在增加，每年能固定更多温室气体，这是个好视像，是气候负反馈的一个有利机制，但不幸的是在很多区域砍伐森林的速度还在增加，和耕地退化的境遇十分相似，输入的多但取走的更多。化肥给我们带来了巨大的经济效益和利益，而巨大的经济效益和利益蒙蔽了我们的眼睛，使我们放弃了过去几千年总结出来的好经验和好做法，使危险正在偷偷地向我们靠近。

解决土壤退化的问题和解决大气变暖的问题一样，同样需要注入新的科技力量，毕竟不可能让我们退回到哪怕是十年前的生产和生活方式。想想现在的生活，手机、电脑、飞机、地铁、汽车、冲水马桶、洗涤剂等，十年的变化有多大，如果让谁再回到十年前的生活一定是不情愿的甚至会急得发疯。农业生产也是一样，现代化生产装备，十年间也发生了巨大变化，精准播种、自动驾驶、智能喷洒、除草剂、杀虫剂、杀菌剂、化肥、新品种等，哪一种也不能被放弃，然而要解决现代农业生产所带来的环境问题和土壤退化的问题必须遵从自然法则，注入新的力量，发挥已有的技术优势，而改变原有的劣势和问题。现代科学技术的力量与一百年前相比已经太强大了，控制能量和物质输送方向的能力已经十分强悍，但需要把控的是如何输送和向哪里输送。

几百万人的大城市每天都会产生几千吨的粪便，大寨几年甚至十几年可能也没积攒这么多的有机肥，但是城市这些粪便的处理方式还需要下一番功夫才能回归农田土壤，事实上大部分农田没有得到这种养分的回归，现代生活应用了大量的化工产品，比如洗洁精、消毒剂、化妆品、塑料包装、抗生素等，现代的养殖业应用了大量的抗生素、消毒剂、驱虫药等，这些施入农田是有害的，无害化处理的成本很高，是一项技术要求很高的系统工程，这可能是粪肥没有还田的一个重要原因。分类排放是一项较好的选择，但那需要全新而且庞大的城市管网工程作为支撑。但这些问题并非解决不了，而是需要付出巨大的成本问题，是在短期内经济上毫无回报的问题。

目前人们普遍关注的科技创新和科技发现主要都是围绕经济增长这一中心，即使有一些领域似乎和经济增长范畴相距较远，但是由于各种创新性研究也都离不开经济的支持，所以在多数领域也都是在直接或间接地支持或保持着经济增长，多数项目都被列为投资项目，在项目验收里，总会涉及投资的经济回报。如果有人说没有经济回报，作为投资人和财务管理者都会有充分的理由反对投资和支付。正如，保护森林项目和砍伐森林项目直接做选择一样，注重快速的经济回报，森林就会被砍伐。在饥荒问题已经基本解决的今天，农业上依然大量的农药被广泛应用是为了经济增长，化肥的过量使用也是为了经济增长，转基因技术的推广应用也是为了经济增长，信息科技和人工智能进驻农业也是为了经济增长。过分强调经济增长的时候，有一些危险和陷阱可能就在前面等着我们。新科技入驻农业的确会解决农业上存在的一些问题，农药和化肥的应用给我们农业带来的益处就不必多说，转基因技术在农业上的应用对环境就有很大的好处，抗虫基因的应用可以减少大量杀虫剂的应用，从而保护自然界其他生物不受杀虫剂危害，抗病基因的应用，可以节约大批量杀菌剂，能为保护环境和保持土壤生物多样性做出巨大贡献，这么多的好处为我们生态保护和土壤健康的构建带来新的希望，但是在过分追求经济增长的条件下。对于危害性的评估和控制就会在一定程度上被降低标准和被放松管控。

　　有研究报道转基因作物对环境有一些益处，由于使用简单、灵活且有效，抗草甘膦基因的应用使用草甘膦控制杂草促进了免耕种植的增加，从而显著地减少了土壤侵蚀现象，同时减少了其他除草剂的应用，也减少了其他除草剂对土壤的污染和破坏。抗虫 Bt 基因的应用使作物的种植降低了一些高毒广谱性杀虫剂的使用，为保持农田生态系统的生物多样性做出了很大贡献。然而据研究，转基因作物的大面积种植也产生了一些新的意想不到的问题。在广泛种植转基因玉米和大豆仅仅数十年后，在美国抗除草剂的杂草和贪吃的抗 Bt 线虫（能吞噬植物根系的很小的蠕虫状的微生物）正迅速地变成严重的问题。2016年，美国国家研究委员会关于转基因作物的一项报告发现："在美国，全国范围内玉米、棉花和大豆的数据并没有表明产量的增长速率与基因工程技术有明显的相关性。"转基因技术的推广应用还是毁誉参半的。自 1996 年开始，抗除草剂的作物品种导致广谱性的草甘膦除草剂的使用大幅度增长。而由此产生的抗草甘膦杂草的传播目前正导致其他除草剂的使用也增加了。与之相反，转基因抗虫（Bt）作物的引入，减少了 25% 以上杀虫剂的使用，也有助于从大范围使用一些对环境破坏力最大的杀虫剂的困境中走出来。然而，根据 2012 年的一项研究，由于种植转基因作物，美国农药的使用总量增加了约 7%。

　　之所以会出现这样的情况，就是因为过分强调经济增长的结果，投资人可是十分没有耐心等待科学家慢慢地研究和验证。转基因产品的出现，从某种意义上讲是丰富了生物界的基因内容，生物界本身也是朝向基因更丰富的方向发展，然而，在人们追求经济利益的驱使下，使基因内容走向单一，由荒野变为农田，农田的品种越来越趋于一致就是在使农田系统的基因趋于单一。在转基因技术的应用过程中，被认为好的基因片段转来转去就逐步取代了其他本应该丰富的基因内容，就是那一个或几个基因片段，可能会统治所有农田。从生态学观点来看，这是十分危险的。基因编辑技术是目前的顶尖科技之一，它所蕴含的力量是巨大的。除了在农业上被广泛研究与应用，在医疗、生态、军事等领域都有研究和深远的探索，也都具有十分深远的应用前景。在土壤健康方面也有其广泛的应用空间，但这里要强调的是，掌握如此巨大的力量的人类，在使用这个力量之前，一定要想清楚，要理性分析我们需要的是什么。

人工智能在农业上的应用也会带来巨大的利好，比如智能识别系统通过数据比对判断有害生物和无害生物。然后采用精准打击就比泛泛的大量应用农药对环境更有利。智能喷雾系统可以根据杂草多少而调整除草剂的用量，从而减少除草剂对土壤中生命体的危害。智能除草机器人可以完全取代除草剂，智能除虫机器人可以完全取代杀虫剂。精量、精确位置化肥投放系统，可以减少化肥用量。这对于生态保护和土壤健康都十分有利。然而，在经济指标的强力驱动下，人们会不会有更疯狂的举动呢？谁知道还会创造出什么新的大麻烦呢？土壤健康是生态保护的重要环节，土壤健康也是人类赖以生存的前提条件。那么对于农业生产技术措施的研究与应用，时刻不能放松对土壤健康和环境保护的关注。加以投资是十分必要的，降低经济收入的预期也应该被视为是一种投资。这需要从思想意识上和从理念上加以转变。因为加大了投入，会有一种成就感和人生自豪感，可以对别人炫耀一番，为了环境保护，为了土壤健康，我们投入了几千万的资金和物资，证明自己比较有实力，然而换一种说法，比如说为了环境保护和土壤健康，我们减少了收入几千万，这心里就有一种挫败感，是一种没有能力的表现。要改变这种心态，需要克服的心理障碍还真是不小啊。

我们的理性农业就是要创造出美好未来，我们的愿景应该是和谐的生态环境，宜居的美丽家园，舒适而放松的生活节奏，幸福与快乐的生活体验。人类社会的理性发展不应该是不停的制造麻烦，更不应该为解决一个小麻烦而制造出更大的麻烦。人类自从出现在地球上一直到几十年以前，人类始终受到饥荒、瘟疫、战争的威胁。而最近这几十年科学技术迅猛发展，社会管理体系也得到前所未有的改善。我们人类已经基本解决了饥荒和瘟疫的问题、战争也已经能够控制在局部范围。200 年之前的人们做梦也不会想象出绝大部分人能够过上现代的和平富足的小康生活。

结束语

　　施肥法则要遵从科学家总结出的施肥原理。矿质营养学说告诉我们，现代农业生产不能排斥化肥的应用。化肥为农业系统注入了巨大能量，为解决几千年来存在的饥荒问题做出了不可磨灭的贡献。养分归还学说告诉我们，土壤肥力的保持需要对土壤消耗的养分给予归还。那么在现代农业生产中，土壤肥力的下降，除了矿质营养的消耗，需要化肥加以补充，土壤有机质的下降才是我们更需要关注的重点。为土壤补充有机养分是培肥地力的关键。最小养分率告诉我们，土壤的限制因子是决定产量高低的关键。找到限制因子，就知道最应该归还什么，控制什么。报酬递减率告诉我们，施肥要遵从经济原理，才能获得最大经济效益，因此，我们可以找到最经济的施肥量。然而，最经济施肥量可不是最佳施肥量，最经济施肥量有可能会给生态和我们的生活环境带来风险，因此，最佳施肥量需要用到生态成本来进行经济学原理的分析，目前最佳施肥量大概率会低于经济施肥量。

　　塑造和维持土壤健康是农业能够持续发展的基础。土壤健康的基本特征是在土壤中。有亿万生灵进行着繁盛的商业贸易，即物质与能量在极其复杂的土壤生态系统中进行交流、交换与积累，也是土壤产生与不断培肥的机制。这种机制一旦被打破，土壤就走向消亡。土壤的生成很缓慢，但消亡却很容易。尤其在人类强大的科技力量面前。5 000 年前，由于人类农业生产的发展，人类已经掌握了强大的科技力量，早已具备了影响地球生态系统的能力。无意间使温室气体增加而使地球躲过了小冰河期，还避免了巨大的气候灾难，使得人类文明能够稳定发展到今天。而现代的科技力量已经远远超过了那时的几百倍或几千倍。关注科技力量给我们带来利好的同时，我们更应该关注和善于察觉科技力量可能会带来的风险，尤其是那些可能造成无法挽回结局的风险。生态保护与土壤健康需要科技力量的注入，但要遵从几个基本原则，一是要维持和提高土壤生物多样性；二是要有害物质最低化；三是能源消耗最小化；四是降低经济收益预期是重要选择；五是土壤和生态作为被保护的设施加以投入；六是遵从自然法则，建立城乡循环机制，促进土壤养分归还；七是短期利益与社会的长期需求结合起来；八是在施肥技术方面，根据作物需肥规律进行叶面营养管理，减少化肥渗入土壤的数量，从而减少化肥对土壤生态带来的压力；九是研究生态环保对土壤生态有利的新型肥料是重要的发展方向。

在施肥技术方面有一些有益的探索，或许可以改善土壤健康方面存在的部分问题，测土配方施肥技术的应用创新能够真正实现因地制宜的科学肥料用量，实现精准施肥。测土配方施肥技术需要进行大量的土壤样品检测，样品检测主体只对采样点土壤样品数据负责，用点的数据代表面的数据的确存在一定的偏差，因此真正实现测土配方施肥技术的应用难度依然较大，同时在测土化验过程中消耗能源和化学试剂，对环境和土壤依然在一定程度上具有破坏性。那么，创新检测方法可能是解决这些问题的有效途径，比如用卫星遥感技术，利用地表土壤光谱特征判定土壤属性的特征。这可以作为一种新的土壤检测方法来对待，用与传统的测试方法进行相关分析，相互加以矫正。减少传统检测样品的数量，或完全取代传统的检测方法，并进行生物相关性研究，将光谱感应数据转化为科学施肥指导数据，因为光谱感应的土壤属性数据是一张二维平面数据图，从而改进了传统化验室检测所形成的采样点的数据点位图，制作施肥处方图，实现在平面上的施肥指导。应用先进的施肥机械，按图进行施肥作业，更有利于技术的推广应用。减少传统检测频次或完全取代传统检测方法，从而可以减少土壤样品从耕地搬运到实验室的数量，减少化学药品的使用数量和减少污染物的排放。

全新的技术推广与应用需要在知识、思想和文化上做充分的准备，避免疯狂的事情发生。理智往往在疯狂面前是软弱的，强烈的占有欲可能是疯狂的根源。在现代社会，可能大多数人的思想意识中认为可以没有真菌或细菌以及病毒，但是绝对不可以没有石油和电器，但事实上恰恰这样的想法，会使人类走向危险的边缘。目前我们的生产生活确实离不开石油，而我们最需要知道的是，正是地球上的真菌和细菌，以及病毒，创造了整个生物界，创造和维持了地球上这充满生机的生命家园。包括我们应用的煤炭和石油，它们的产生也都根本离不开真菌和细菌的作用，包括我们自己。出现这种认知上的偏差，说明知识、思想和文化的准备是多么的重要。

当前突飞猛进的新科技会使人类所掌握的力量太过强大，强大到在很短时间甚至是瞬间就能改变地球生命圈的命运，所以，在应用新技术的时候需要非常的谨慎，人类利用了几百万年改变了被野兽捕猎的命运，人类用了几十万年的时间，站到了地球食物链的顶端，人类用了几万年的时间建立了社会管理体系。又用了几千年的时间建立了农业文明，仅仅用了两百多年的时间建立起了工业文明，我们用了几十年的时间，就进入了科技大爆炸的时代，发展速度正在以指数级加速。

人类在之前的发展过程中一直致力于解决生存问题。最早是被猎食的问题，后来是解决饥饿的问题，随着科技的进步，饥荒的问题得以解决，瘟疫的问题也得以解决，新型冠状病毒引起的肺炎疫情得到有效控制是刚刚发生过的事情，包括早些时日天花病毒的消灭，是人类应用科技及社会管理体系解决发展中出现的非常严峻和棘手的问题，我们做到了。而生态问题和土壤健康问题，是目前人类社会发展中出现并急需解决的另一个非常严峻和棘手的问题，同时我们还面临着廉价石油资源时代的落幕、人口持续增长、气候变化等问题的共同影响，农业发展将如何适应这些变化，政治经济和环境利益正推动竞争模式、政策、议程的变化和发展。这是要解决人类是否能够在地球上继续幸福生活的问题，无论这一切如何发展它们都将塑造人类的命运，并决定着我们留给子孙后代们的世界，相信我们也能够运用科技手段和社会管理体系解决好这些问题。

参考文献

艾尔伯特·霍华德, 2020. 农业圣典[M]. 李季, 译. 北京: 中国农业大学出版社.

陈怀满, 2018. 环境土壤学[M]. 北京: 科学出版社.

陈荣业, 朱兆良, 1982. 氮肥去向的研究——Ⅰ. 稻田土壤中氮肥的去向[J]. 土壤学报, 19（2）: 122–130.

戴维·蒙哥马利, 2019. 耕作革命[M]. 张甘霖, 译. 上海: 上海科学技术出版社.

段连臣, 于志海, 2017. 黑龙江省北兴农场测土配方施肥研究进展[M]. 北京: 中国农业出版社.

蕾切尔·卡尔森, 2018. 寂静的春天[M]. 辛红娟, 译. 南京: 译林出版社.

卢兵友, 1992. 农业生态系统氮素循环研究概况[J]. 山东农业大学学报（自然科学版）, 23（4）: 457–460.

尼尔·布雷迪, 雷·韦尔, 2019. 土壤学与生活[M]. 李保国, 徐建明, 译. 北京: 科学出版社.

乔峻, 李勇, 李文耀, 2004. 氮肥损失成因及有效利用[J]. 内蒙古农业科技（5）: 38–40.

斯图尔特·布兰德, 2016. 地球的法则[M]. 叶雷华, 耿新莉, 译. 北京: 中国出版集团.

谢建昌, 罗家贤, 马茂桐, 1989. 不同土壤的供钾潜力和当前土壤钾素平衡状况[C]// 国际平衡施肥学术讨论会论文集. 北京: 农业出版社.

尤文图斯·冯·李比希, 2020. 农业的基本原理[M]. 白由路, 译. 北京: 中国农业出版社.

张玉霞, 白岚, 白宝璋, 2002. 氮肥流失的危害与应采取的对策[J]. 农业与技术, 22（6）: 81–83.

朱兆良, 2009. 农田中氮肥的损失与对策[J]. 土壤与环境, 9（1）: 1–6.

140